Potentielle prä- und postanalytische Fehlerquellen
beim PAG-Trächtigkeitstest nach ELISA-Methode

Potentielle prä- und postanalytische Fehlerquellen beim PAG-Trächtigkeitstest nach ELISA-Methode

Dissertation

zur Erlangung des Doktorgrades

der Fakultät für Agrarwissenschaften

der Georg-August-Universität Göttingen

vorgelegt von

Friederike Stahmann

geboren in Mühlacker, Baden-Württemberg

Göttingen, im Juli 2014

Bibliografische Information der Deutschen Nationalbibliothek
Die Deutsche Nationalbibliothek verzeichnet diese Publikation in der Deutschen Nationalbibliografie; detaillierte bibliografische Daten sind im Internet über http://dnb.d-nb.de abrufbar.
1. Aufl. - Göttingen: Cuvillier, 2015
Zugl.: Göttingen, Univ., Diss., 2014

D7

1. Referent: Prof. Dr. Dr. Matthias Gauly

2. Korreferent: Prof. Dr. Wolfgang Holtz

Tag der mündlichen Prüfung: 14. Juli 2014

Nonnenstieg 8, 37075 Göttingen
Telefon: 0551-54724-0
Telefax: 0551-54724-21
www.cuvillier.de

1. Auflage, 2015
Gedruckt auf umweltfreundlichem, säurefreiem Papier aus nachhaltiger Forstwirtschaft.

ISBN 978-3-7369-9112-5
eISBN 978-3-7369-8112-6

Alle Hindernisse und Schwierigkeiten sind Stufen,

auf denen wir in die Höhe steigen.

Friedrich Nietzsche

Inhaltsverzeichnis

Abkürzungsverzeichnis 9

Tabellenverzeichnis 12

Abbildungsverzeichnis 13

KAPITEL 1 Allgemeine Einleitung 15

KAPITEL 2 Literaturübersicht 21

2.1 Trächtigkeit beim Rind 22

2.2 Embryonale Mortalität und Aborte 23

2.3 Trächtigkeitsuntersuchungen 25

2.3.1 Manuelle transrektale Palpation 25

2.3.2 Ultraschall-Diagnostik 26

2.3.3 Progesteron-Nachweis 27

2.3.4 Nachweis von schwangerschaftsassoziierten Glykoproteinen 28

2.4 Pregnancy associated glycoproteins (PAGs) 28

2.5 PAG-Analytik im Labor 32

2.6 Qualität diagnostischer Proben 33

2.7 Literaturverzeichnis 36

KAPITEL 3 Pre-analytic sources of error with the serum PAG-pregnancy test for cows 45

3.1 Abstract 46

3.2 Introduction 47

3.3 Materials and Methods 47

3.4 Results and Discussion 50

3.5 Conclusion 57

3.6 References 58

KAPITEL 4 A note on the correction for the effect of freezing on the outcome of pregnancy-associated glycoprotein measurement in blood and serum of cows **61**

4.1 Abstract 62

4.2 Short Communication 63

4.3 References 70

KAPITEL 5 Potentielle Anpassung der Referenzbereiche der Trächtigkeitsdiagnose mittels PAG-ELISA-Test aufgrund der Analyse von Abkalbedaten **73**

5.1 Abstract 74

5.2 Einleitung 75

5.3 Material und Methoden 77

5.4 Ergebnisse und Diskussion 80

5.5 Zusammenfassung 90

5.6 Literaturverzeichnis 91

KAPITEL 6 Allgemeine Diskussion **95**

6.1 Einleitung 96

6.2 Präanalytischer Bereich 96

6.3 Postanalytischer Bereich 100

6.3.1 Entwicklung eines Korrekturfaktors für die Tiefgefrierung von Blut und Serum auf den gemessenen PAG-Wert 101

6.3.2 Anpassung des Referenzbereichs beim PAG-ELISA-Test 102

6.4 Schlussfolgerung 104

6.5 Literaturverzeichnis 106

Zusammenfassung 109

Curriculum Vitae 113

Abkürzungsverzeichnis

Abb.	Abbildung
al.	und andere
BHV1	Bovines Herpesvirus Typ 1
BVD/MD-Virus	Bovine Virusdiarrhoe/Mucosal Disease
CV	coefficient of variation
EDTA	Ethylendiamintetraessigsäure
ELISA	Enzyme Linked Immunosorbent Assay
€	Euro
g	Fallbeschleunigung
°C	Grad Celsius
d	day
diff.	differences
DIN EN ISO	Norm zum Qualitätsmanagement
e	Randomisierungsfaktor
e.g.	exempli gratia
Fig.	Figure
h	Stunde
I.E.	Immunisierungs-/Immunitätseinheit
IgG	Immunglobulin G
Inc.	Incorporation
kDA	KiloDalton
KB	künstliche Besamung
kg	Kilogramm
km	Kilometer
lbound	lower bound

MHz	Megahertz
min	Minute
mL/ml	Milliliter
µ	Mittelwert
mm	Millimeter
n	Anzahl
NC	Trinatriumcitrat
NC	North Carolina
ng	Nanogramm
No.	Nummer
n.s.	nicht signifikant
O.D.	optische Dichte
Ø	Durchmesser
P (in deutschen Texten)	Wahrscheinlichkeit
p (in englischen Texten)	Wahrscheinlichkeit
p-value	Wert der Wahrscheinlichkeit
PAG	Pregnancy-Associated Glykoprotein
PAGs	Pregnancy-Associated Glykoproteine
p.c.	post conception
p.p.	post partum
PSP60	Pregnancy Serum Protein
%	Prozent
PSPB	Pregnancy Specific Protein B
RIA	Radioimmunoassay
SD	Standard Deviation
SE	Standard Error
su	summer
US$	Dollar

ubound	upper bound
u.U.	unter Umständen
Vol.	Volume
wi	winter
wk	week
vs.	versus
x	Mittelwert
xg	Vielfaches der mittleren Erdbeschleunigung
y	Mittelwert der beiden PAG-Messungen einer Probe mittels Magallan-Software
yr	year
z.B.	zum Beispiel

Tabellenverzeichnis

KAPITEL 3

Table 1. Effect of cryopreservation of serum containing various concentrations (ng/ml blood) of PAG (Experiment 4).

Table 2. Effect of chilled storage of blood for 6 months and the effect of various anticoagulants (Experiment 6).

KAPITEL 4

Table 1. Mean differences (diff.) ± SD (ng of PAG/mL) between frozen and fresh samples and lower (Lbound) and upper bound (Ubound) of the 95% confidence intervals for groups based on different PAG levels in frozen blood/serum.

KAPITEL 5

Tabelle 1: Rassenverteilung und Fruchtbarkeit ganzjährig kontrollierter Kühe des Hessischen Verband für Leistungsprüfungen in der Tierzucht e.V. als Mittelwert der Kontrolljahre 2006 bis 2012 (Quelle: HVL-Jahresberichte). n=Anzahl Kühe, ZKZ= Zwischenkalbezeit.

Tabelle 2: Vergleich der Referenzbereiche und Trächtigkeitsdiagnoseeinstufungen der derzeitig gültigen Werte mit den im Versuch errechneten PAG-Werten.

Tabelle 3: PAG-Referenzwertgruppen nach Kategorien in %.

Tabelle 4: Tabelle 4: PAG-Proben der Analysejahre 2007-2012 nach Anzahl an Tieren, PAG-Jahresmittelwerte ± SE (ng PAG/ml Blut) sowie mittlerer Zeitraum zwischen KB und Beprobung (d).

Abbildungsverzeichnis

KAPITEL 2

Abbildung 1: Schematische Darstellung der endokrinen Veränderungen und präovulatorischen Ereignisse während eines fruchtbaren Brunst-Zyklus und der frühen Schwangerschaft (Meier und Burke, 2010).

Abbildung 2: Verlustraten in Prozent (%) von Kühen und Färsen zwischen Tag 28 und Tag 84 der Trächtigkeit (Silke et al., 2002).

Abbildung 3: Schematische Darstellung der synepitheliochorialen Rinderplazenta nach Pfarrer (2012).

Abbildung 4: Expressionsmuster verschiedener boviner PAGs während des Trächtigkeitsverlaufs (Green et al., 2000).

Abbildung 5: Verlauf der PAG-Konzentration im Serum 20 trächtiger Kühe (x ± SD) von Tag 20 der Trächtigkeit bis Tag 100 p.p mittels Testverfahren RIA (Zoli et al., 1992).

Abbildung 6: Schematische Darstellung des PAG-ELISA-Tests mit den einzelnen Arbeitsschritten.

Abbildung 7: Einflussgrößen auf die präanalytische Phase der Blutuntersuchung (Schulze, 2008).

KAPITEL 3

Figure 1. Temperatures recorded in packages mailed to the laboratory from various locations (A-F) during summer and winter months (Experiment 1).

Figure 2. Effect of storage of whole blood from cows 123 to 211d pregnant for 3h at 0 °C, 20 °C or 40 °C, and for 2 weeks at -10 °C or -20 °C on the outcome of PAG measurement (means ± SE; a,b: P < 0.01) (Experiment 2).

Figure 3. Effect of anticoagulants on PAG determination in whole blood of cows 55 to 92d pregnant (means ± SE; a,b: $P < 0.01$) (Experiment 5).

Figure 4. Effect of treatments expected to damage blood cells on the outcome of PAG measurements in whole blood from cows 97 to 133 days pregnant (means ± SE; a,b: $P < 0.01$) (Experiment 7).

KAPITEL 4

Figure 1. Mean pregnancy-associated glycoprotein (PAG) levels (ng of PAG/mL of blood) in cows' blood (n = 65) and serum (n =62) before (black bars) and after freezing (white bars). Different letters (a and b) indicate statistically significant differences at $P < 0.05$. Presented means are derived from untransformed data.

Figure 2. Bland-Altman plot depicting the average of each data pair (panel A: frozen and fresh blood sample; panel B: frozen serum and fresh blood sample) plotted against the respective differences of each data pair (frozen sample − fresh sample) as well as the overall mean difference (middle line) and upper and lower bound of the 95% confidence intervals for the difference (upper and lower lines).

KAPITEL 5

Abbildung 1: Verteilung der Trächtigkeitsstatusgruppen („eher tragend“, „“tragend“, „nicht tragend“, „unbekannt“) in Relation zu den PAG-Konzentrationsgruppen und Ableitung neuer Diagnosereferenzbereiche basierend auf signifikanten Unterschieden in den Anteilen der verschiedenen Trächtigkeitsstatusgruppen.

KAPITEL 1

Allgemeine Einleitung

Allgemeine Einleitung

Technische Entwicklungen helfen, das Tiermanagement zu verbessern. Das wiederum fördert eine effiziente und wirtschaftliche Milchproduktion, die neben dem Milchauszahlungspreis vor allem von der Höhe der Produktionskosten abhängt (Lührmann, 2011). Die Interaktion zwischen modernen Technologien und modernem Tiermanagement wirkt sich aber nicht nur auf betriebswirtschaftliche Gegebenheiten aus (de Koning, 2011), sondern kann auch Aspekte des Tierschutzes sowie der Tiergesundheit beeinflussen.

Innerhalb des Komplexes „Tiermanagement“ gehört die Fruchtbarkeit des weiblichen Rindes zu den entscheidenden Parametern eines Milchviehbetriebes (Platen, 1997, de Vries 2011). So berechnet Kalchreuther (2005) die finanziellen Verluste bei einer Güstzeit von mehr als 90 Tagen für jedes weitere Umrindern mit nachfolgender Besamung auf 80 € bis 125 €. In diesem Zusammenhang ist die Verfügbarkeit von Methoden zur frühzeitigen Erkennung nicht tragender Tiere im Interesse einer baldigen Wiederbelegung von großer Bedeutung. Die transrektale Palpation des Uterus stellt derzeit die meist genutzte Methode der Trächtigkeitsfeststellung beim Rind dar (Rosenbaum und Warnick, 2004; Caraviello et al., 2006).

Heute können aus Blut, Urin, Gewebe und anderen Proben mit Hilfe modernster Analysesysteme und neu entwickelter Reagenzien weit über 2000 Parameter untersucht werden (Richter-Maierhofer, 2006). Dazu gehört auch seit einigen Jahren das kostengünstige, laborgebundene Diagnoseverfahren, der PAG-Trächtigkeitstest, der sowohl in Europa als auch in Nordamerika in der Praxis angewandt wird. Dieses Verfahren ist das einzige direkte Nachweisverfahren einer Trächtigkeit. Die Blutprobe eines Muttertieres wird dabei auf spezielle Proteine hin untersucht. Die trächtigkeitsassoziierten- und spezifischen Proteine können mittels Radioimmunoassay (Zoli et al., 1992), ELISA (Green et al. 2005, Friedrich und Holtz, 2004, 2010) oder einem auf dem ELISA-Prinzip basierenden Schnelltest (Green et al., 2009) nachgewiesen werden.

Trotz mehreren Zehntausend inzwischen kommerziell untersuchten Proben wurde bisher noch nicht zu prä– und postanalytischen Fehlerquellen des PAG-ELISA-Tests geforscht. Zwar, so Richter-Maierhofer (2006), fänden empfindliche Detektoren heute fast alles. Die Interpretation von Messergebnissen sei jedoch schwieriger denn je.

Nicht zuletzt, weil Fragen zur Präanalytik beantwortet werden müssten. Die präanalytische Phase gehört zu den entscheidenden Komponenten der Labormedizin (Narayana et al., 2000; Guder et al., 2002; Seelig et al, 2008). Denn, so Lippi et al. (2006), sind bis zu 93 % aller im gesamten diagnostischen Prozess auftretenden Fehler auf Mängel in der Präanalytik zurück zu führen. So sind eventuelle Kontaminationen der Probe, die Lagerdauer, die Transportbedingungen abzuklären oder auszuschließen.

Ebenso gilt es, die Postanalytik mit einer Fehlerprävalenz von zu 40 % im Blick zu haben (Schlebusch, 2008). In der postanalytischen Phase muss das Ergebnis der Analyse mit einem zum Probanden passenden Referenzwert/bereich gesetzt werden (Niederau, 2009). Der diagnostische Befund des Analyseergebnisses beeinflusst das weitere Handeln sowohl in medizinischer, wirtschaftlicher, ethischer und sozialen Hinsicht (Greiner, 2008). So hat die Bewertung und Interpretation der Analyseergebnisse im Praxisbetrieb durch den Hoftierarzt und durch den Landwirt erheblichen Einfluss auf die weitere Vorgehensweise und damit auch für die Wirtschaftlichkeit des Betriebes und das Tierwohl. In diesem Sinne sollten postanalytische Fehlerquellen im Vorfeld geklärt und möglichst gering gehalten werden.

Literaturverzeichnis

Caraviello, D. Z., Weigel, K. A., Fricke, P. M., Wiltbank, M. C., Florent, M. J., Cook, N.B., Nordlund, K.V., Zwald, N.R., C.L. Rawson. 2006. Survey of management practices on reproductive performance of dairy cattle on large US commercial farms. Journal of Dairy Science, 89: 4723-4735.

Friedrich, M., W. Holtz. 2004. Establishment of an ELISA to assess PAGconcentrations in blood and milk of dairy cows. Reproduction Abstract., Ser. 31: 21.

Friedrich, M., W. Holtz. 2010. Establishment of an ELISA for Measuring Bovine Pregnancy-Associated Glycoprotein in Serum or Milk and Its Application for Early Pregnancy Detection. Reproduction in Domestic Animals, 45: 142-146.

Green, J.A., T.E. Parks, M.P. Avalle, B.P. Telugu, A.L. McLain, A.J. Perterson, W. McMillan, N. Mathialagan, R.R. Hook, S. Xie, R.M. Roberts. 2005. The establishment of an ELISA for the detection of pregnancy-associated glycoproteins (PAGs) in the serum of pregnant cows and heifers. Theriogenology 63: 1481–1503.

Green, J.C., D.H. Volkmann, S.E. Poock, M.F. McGrath, M. Ehrhardt, A.E. Moseley, M.C. Lucy. 2009. Technical note: A rapid enzyme-linked immunosorbent assay blood test for pregnancy in dairy and beef cattle. Journal of Dairy Science, 92: 3819-3824.

Greiner, M. 2003. Diagnostische Tests in der Veterinärmedizin. Seite 7 in Serodiagnostische Tests. 1. Auflage, Springer Verlag Heidelberg, Deutschland.

Guder, W.G., W. Ehret, F. da Fonseca-Wollheim, W. Heil, O. Müller-Plathe, Y. Schmitt, G. Töpfer, H. Wisser, B. Zawta. 2002. Die Qualität diagnostischer Proben. J. Lab. Clin. Med., 26: 267-283.

Kalchreuther S. 2005: Fruchtbarkeitsmanagement des Rindes, Seite 13, 1. Auflage Kamlage Verlag, Osnabrück, Deutschland.

de Koning, K. 2011. Entwicklung in Michviehhaltung – Modernes Management. Fachtagung Stallbau der Zukunft, 13.4.2011 in Köllitsch, Deutschland http://www.smul.sachsen.de/lfulg/download/k.pdf.

Lippi, G. G. Guidi, C. Mattiuzzi, M. Plebani. 2006: Preanalytical Variability: The Dark Side Of The Moon In Laboratory Testing. Clinical Chemistry and Laboratory Medicine, 44: 358-365.

Lührmann, B. 2011. Fruchtbarkeit – rechnet sich das? 29. scientific symposium, 12. Oktober 2011 in Güstrow, Deutschland.

Narayanan, S. 2000. The Preanalytic Phase. Clin. Chem., 113: 429-452.

Niederau, C. 2009. Prä- und Postanalytik – wichtige Schritte im Analysengang. AfnP-Symposium 2009, 24./25.9.2009 in Fulda, Deutschland.

Platen, M. 1997. Physiologie und Management der Beziehung zwischen Fruchtbarkeit und Milchproduktion bei Hochleistungskühen, Dissertation an der Landwirtschaftlich-Gärtnerischen Fakultät der Humboldt-Universität zu Berlin, Deutschland.

Richter-Maierhofer, E. 2005. Trendbericht Labortechnik - Analytica 2006 beschleunigt Laborprozesse.http://www.innovationseport.de/html/berichte/messenachrichten/bericht-53355.html.

Rosenbaum, A., L.D. Warnick. 2004. Pregnancy diagnosis in dairy cows by palpation or ultrasound: a survey of US veterinarians. Proceedings 37th AABP Annual Meeting, Forth Worth, TX, 198.

Schlebusch, H. 2008. Prä- und Postanalytik. Seite 52 in POCT – Patientennahe Labordiagnostik. 1. Auflage. P.B. Luppa und H. Schlebusch. Springer Medizin Verlag Heidelberg, Deutschland.

Seelig, H.-P., A. Koch, E. Muller, J. O. Schurek, C. A. Seelig, T. Stauch. 2008. Verarbeitung und Lagerung von Blutproben. Seiten 103-109 in Präanalytik. 3. Auflage, Alexander Thielbeer Druckerei & Verlag GmbH, Ettlingen, Deuschland.

Zoli, A.P., L.A. Guilbault, P. Delahaut, O.B. Ortiz, J.F. Beckers. 1992. Radioimmunoassay of a Bovine Pregnancy-Associated Glycoprotein in Serum – Its Application for Pregnancy Diagnosis. Biology of Reproduction 46: 83-92.

KAPITEL 2

Literaturübersicht

2.1 Trächtigkeit beim Rind

Die domestizierten Rinder der europäischen Nutzungsrassen gelten als ganzjährig polyöstrisch (Grunert, 1999). Eine Gravidität ist demnach rund ums Jahr möglich. Abhängig ist die Länge der Trächtigkeit beim Rind von mehreren Faktoren. Dazu gehören das Alter des Muttertieres (Hansen et al., 2004), die Genetik, das Geschlecht des Fetus (Nadarajah et al., 1989; Silva et al., 1992) sowie die Anzahl der Föten. Nogalsiki und Piwczyński (2012) konnten sogar belegen, dass die Jahreszeiten einen Einfluss haben. Bei milchbetonten Rinderrassen beträgt die durchschnittliche Trächtigkeitsdauer neuesten Studien zufolge zwischen 278 und 282 Tagen (Johanson und Berger, 2003; Norman et al., 2009).

Die Trächtigkeit stellt sich als eine genaue Abfolge (Abbildung 1) zeitlich relativ streng definierter Phasen komplexer Vorgänge dar (Jeanrond, 2007).

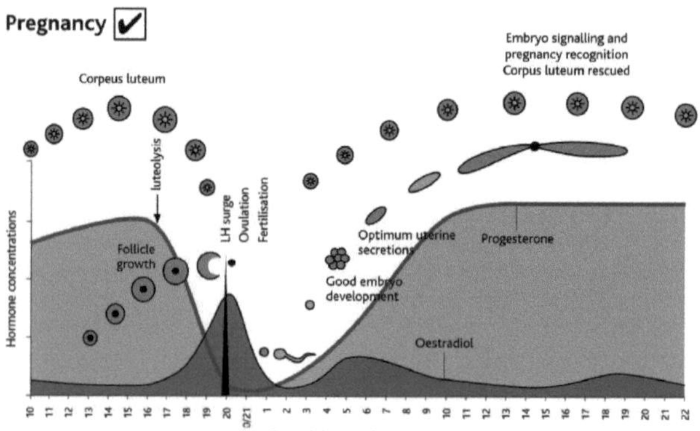

Abbildung 1: Schematische Darstellung der endokrinen Veränderungen und präovulatorischen Ereignisse während eines fruchtbaren Brunst-Zyklus und der frühen Schwangerschaft (Meier und Burke, 2010).

Dies genaue zeitliche Abfolge der Trächtigkeit beim Rind unterteilen van der Weijden und Taverne (1999) in folgende Stadien mit zeitlicher Reihenfolge so ein:

- frühembryonale Phase (1. bis 30. Tag)
- Kleinsäckchenstadium (31. bis 60. Tag)
- Großsäckchenstadium (61. bis 90. Tag)

- Ballonstadium (91. bis 130. Tag)
- Senkungsstadium (131. bis 180. Tag)
- Endstadium (ab 181. Tag).

2.2 Embryonale Mortalität und Aborte

Bei laktierenden Kühen wird von einer 80 bis 90 %igen Befruchtungsrate ausgegangen (Sartori et al. 2002; Cerri et al. 2009). Diese kann jedoch stark schwanken. Wie hoch sie im Einzelnen ist, hängt von vielen Faktoren ab. Zu den wichtigsten Störeinflüssen zählen bei Hochleistungskühen Hitze und damit verbundener Hitzestress. Dann, so Santos et al. (2004), können die Befruchtungsraten auf nur 55 % sinken.

Trächtigkeitsabbrüche sind in jeder Phase der Gravidität möglich. Bostedt und Klein (2006) rechnen in Milchkuhherden mit einem Gesamtverlust der Fruchtanlagen von 30 % bis zum 285. Trächtigkeitstag. Sreenan et al. (2001) sprechen sogar in ihre Untersuchungen von Trächtigkeitsverlusten von 40 %.

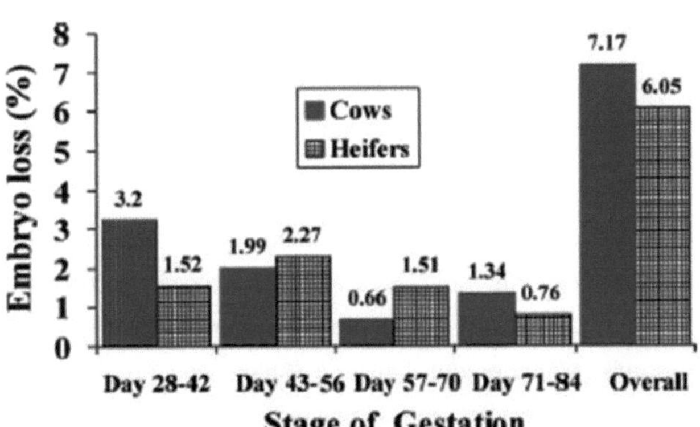

Abbildung 2: Verlustraten in Prozent (%) von Kühen und Färsen zwischen Tag 28 und Tag 84 der Trächtigkeit (Silke et al., 2002).

Von embryonaler Mortalität spricht man, wenn das Absterben der befruchteten Eizelle oder des Embryos vor Übergang in das Fetalstadium, das bedeutet vor dem

42. Tag nach der Besamung, geschieht (Grunert, 1999). In dieser Zeit liegt das höchste Verlustrisiko mit 25 % (Borstedt und Klein, 2006). Nach Wathes (1992) kommt es in 35 % der Fälle zu einem Trächtigkeitsabbruch vor dem 3. Monat. Auf Verluste von nur 3,2 % bei Kühen und 1,5 % bei Färsen zwischen Tag 28 und Tag 42 p.c. kommen Silke et al. (2002). Gleichzeitig dokumentieren sie große Schwankungen in den Verlustgrößen (Abbildung 2). Von embryonaler Mortalität sind vor allem Hochleistungsherden (Diskin und Morris, 2008) und Mehrkalbskühe (Bilodeau-Goeseels und Kastelic, 2003) betroffen.

Der Abgang einer nicht lebensfähigen Frucht zwischen dem 2. und 8. Entwicklungsmonat wird als Abort bezeichnet. In diesem Zeitabschnitt verringern sich die Verluste und machen dann nur noch 5 % aus (Borstedt und Klein, 2006).

Ein intakter Embryo synthetisiert ab Tag 11 bis 12 nach der Besamung bovines Trophoblastinterferon (Helmer et al. 1986). Diese Substanz ist ein Teil des Signalprozesses für die maternale Erkennung der Trächtigkeit und bewirkt den Erhalt des Gelbkörpers über die Zykluslänge hinaus (Thatcher et al., 1989). Ein vor dem 11. Tag p.c. abgestorbener Embryo ist nicht mehr in der Lage, Trophoblastinterferon zu produzieren, so dass das Muttertier nach normaler Zykluslänge wieder brünstig wird (Aurich, 1999). Bei Trächtigkeitsverlusten nach dem 12. Tag kommt es jedoch zu einer verzögerten nächsten Brunst. Die Zeit bis zur nächsten Brunst ist abhängig davon, wie lange es dauert, bis die Resorption von Fruchtwasser, des Embryos und der Fruchthüllen abgeschlossen ist. Der Prozess kann bis zu zwei Monaten dauern (Aurich, 1999).

Für die embryonale Sterblichkeit und Aborte kommen infektiöse, wie die Erkrankungen mit dem BHV1-Virus oder BVD/MD-Virus, sowie nicht-infektiöse Ursachen in Frage (Bostedt und Klein, 2006). Letztere sind multifaktoriell. Dazu zählen Faktoren wie Genetik, Management, Leistung (Ahlers und Andresen, 1997), Haltung und Fütterung, wie zum Beispiel eine negative Energiebilanz (Walsh, 2011) oder eine schlechte Körperkondition (Roche et al., 2009).

2.3 Trächtigkeitsuntersuchungen

Für das Herdenmanagement eines Milchviehbetriebes ist es von entscheidender Bedeutung, dass Feststellung oder Ausschluss einer Trächtigkeit möglichst früh und mit maximaler Sicherheit erfolgt (van der Weijden und Taverne, 1999). Vor allem das frühzeitige Auffinden nichtträchtiger Tiere gilt als entscheidend. Denn nur so können Tierärzte und Tierhalter mit Hilfe von schnellen Nachbesamungen die Zwischenkalbeintervalle verkürzen (Egli et al., 2011). Van der Weijden und Taverne (1999) geben jedoch zu bedenken, dass, je früher die Trächtigkeitsuntersuchung erfolgt, desto größer der Anteil an Diagnosen mit geringer Sicherheit ausfällt.

Mehrere Methoden zur Trächtigkeitsuntersuchungen stehen zur Verfügung. Im Weiteren wird ein kurzer Überblick über die derzeit gängigen Methoden gegeben.

2.3.1 Manuelle transrektale Palpation

Die Rektalisierung in Milchviehbeständen stellt mit einem Anteil von 77 % bis 88 % die am häufigsten angewandte Trächtigkeitsuntersuchungsmethode in der Rinderpraxis dar (Rosenbaum und Warnick, 2004; Caraviello et al., 2006). Als Gründe dafür führen Obritzhauser und Raganitsch (2008) an, dass es sich bei der manuellen Palpation nach wie vor um das einfachste und kostengünstigste Verfahren zur Feststellung einer Trächtigkeit beim Rind handele.

Noakes (1996) gibt folgende Methoden der Feststellung der Trächtigkeit durch die rektale Untersuchung und deren frühesten Nachweisezeitpunkt wie folgt an:

- Palpation des Allantochorions (Eihautgriff, Doppelwandigkeit) ab dem 33. Tag,
- Asymmetrie, Erweiterung des graviden Uterushorns, Dünnwandigkeit, Fluktuation ab dem 35. Tag,
- ballotierende Frucht zwischen dem 45. und 60. Tag,
- Palpation der Karunkel/Kotyledonen ab dem 80. Tag,
- Vergrößerung der Arteria uterina media, Uterinschwirren ab dem 85.Tag,
- Palpation des Fetus 120. Tag.

Ein Untersucher mit durchschnittlichen Erfahrungen und Fähigkeiten sollten nach Ahlers (1999) eine Trächtigkeit in der 8. bis 9. Woche p.c. sicher diagnostizieren können. Ein Routinier könne schon ab dem 35. Tag nach Belegung eine sichere Diagnose rektal stellen, meint Momont (1990).

Bei dieser Art der Trächtigkeitsuntersuchung besteht die Möglichkeit, dass durch manuelle Ruptur beim Betasten der Uterushörner im frühen Trächtigkeitsstadium der Embryo lebensgefährlich geschädigt werden kann. So zeigte eine Studie von Richardson et al. (2010), dass die Erfahrenheit des Untersuchers und Untersuchungszeitpunkt einen Einfluss auf die embryonale Sterblichkeit hat. Tiere, die vor dem 53. Tag palpiert wurden, zeigten ein signifikant erhöhtes Risiko für Frühaborte. In anderen Studien wird dagegen weder der Einfluss des Eihautgriffs um den 30. Tag, noch der transrektalen Palpation im Allgemeinen bis zum 60. Tag festgestellt (Alexander et al., 1995; Romano et al., 2011).

2.3.2 Ultraschall-Diagnostik

Aufgrund der frühen und präzisen Diagnosemöglichkeit (Fricke, 2002) zählt die Ultrasonographie als Trächtigkeitsuntersuchungsmethode zum wesentlichen Bestandteil des Fruchtbarkeitsmanagements. Aus einer Studie von Romano et al. (2006) geht hervor, dass bei geschallten Kühen am 24. Trächtigkeitstag von einer Aussagesicherheit von 77,8 % ausgegangen werden kann. Die steigt am 26. Tag auf 93,6 % an.

Bei der Untersuchung werden beide Uterushörner bis in die Uterushornspitzen von lateral und von kaudal nach kranial geschallt. Nach Kähn (1991) lassen sich in folgender zeitlichen Abfolge der Trächtigkeitstage diese Darstellungen erkennen:

- 10. bis 20. Tag: winzige Flüssigkeitsansammlungen,
- 21. bis 24. Tag : Embryonalblase: Ø 3 -5 mm, Länge: 10 mm,
- 25. bis 30. Tag: Embryonalblase: Ø 10 – 20mm, Länge: 12 mm; Embryo kann in allen Fällen gefunden werden, Herzschlag erkennbar,
- 31. bis 40. Tag: Embryo: Ø 25 mm, Länge: 20 mm; Amnionblase und Plazentome sichtbar.

Mit einem Gerät, das mit einem 5 MHz-Schallkopf ausgestattet ist, lassen sich in der Praxis sicher und einfach Diagnosen erstellen (Kähn, 1991). Neben Trächtigkeiten können mit Hilfe der Ultraschall-Technik auch verschiedene Ovarstrukturen,

Gelbkörper und Follikel, der Uterus mit Inhalt und die Uteruskonkrationen dargestellt werden. Damit sind auch pathologische Befunde möglich (Pierson und Ginther, 1988).

Eine Ultraschall-Untersuchung wirkt sich nicht negativ auf die Lebensfähigkeit von Embryo oder Fetus aus (Romano et al., 2006).

2.3.3 Progesteron-Nachweis

Progesteron ist ein Steriodhormon, das in den Gelbkörpern am Eierstock, in der Plazenta und im geringen Ausmaß auch in den Nebennierenrinden gebildet wird. Hauptsächlich wird dieses Hormon im dem Gelbkörper gebildet, der aus dem frisch ovulierten Follikel entsteht. Bis zum 8. Zyklustag steigen die Werte konstant an und verbleiben dann bis zum 18. Zyklustag kontinuierlich auf gleichem Niveau. Unter dem Einfluss von Prostaglandinen aus der Gebärmutterschleimhaut wird der Gelbkörper bei nichtträchtigen Tieren abgebaut. Gleichzeitig fallen die Progesterongehalte im Blut und in der Milch ab (Möller, 1991).

Zwischen zwei Tagen vor und zwei Tagen nach der Brunst liegen sehr niedrige Milch- und Serumprogesteronkonzentrationen vor (Hoffmann et al., 1976). Erfolgt eine Befruchtung, sendet der befruchtete Keim ein Signal an das Muttertier, wodurch die Prostaglandinausschüttung blockiert wird. Damit bleibt der Gelbkörper bestehen und mit ihm eine erhöhte Progesteronkonzentration (Caudle et al., 1980).

Progesteron lässt sich im Blut und in der Milch nachweisen. Die Bestimmung der Milch- und Serumprogesteronkonzentration mittels radioimmunologischem Nachweisverfahren wurde in den frühen 70er Jahren des letzten Jahrhunderts entwickelt (Hoffmann und Hamburger, 1973). Inzwischen sind auch „Stallgassentests“ und „Cowside-tests“ verfügbar, die es erlauben, die Progesteronkonzentration der Milch direkt im Stall zu bestimmen. Diese Tests wurden in der Vergangenheit erfolgreich evaluiert (Möller und Holtz, 1989; Ruiz et al., 1992; Bajema et al., 1994).

Aufgrund des Progesterongehaltes in der Milch ist es möglich, so Niggemeyer (1990), am 21. Tag p.c. die Diagnose „nicht tragend“ mit einer fast 100 %igen Sicherheit zu stellen. Bei einmaliger Beprobung um den 21. Tag p.c. kann die

Aussage „trächtig“ bei einem Grenzwert von 10 ng/ml mit einer Sicherheit von 82 % (Niggemeyer et al., 1990) gegeben werden. Durch mehrmalige Beprobung zum Beispiel in der Variante „Tag 21 und 28“ oder in der Variante „Tag 21, 28 und 49“ kann die Genauigkeit auf 90 % bzw. 97 % erhöht werden (Niggemeyer et al., 1990).

2.3.4 Nachweis von schwangerschaftsassoziierten Glykoproteinen

Zoli et al. entwickelten 1992 ein Nachweisverfahren, den Radioimmunoassay, zur Analyse der pregnancy-associated glycoprotein (PAG)-Konzentration als Mittel zur frühen Trächtigkeitsdiagnose. Zuverlässige Aussagen waren ab dem 28. Tag p.c. möglich. Ein von Green et al. (2005) entwickelter monoklonaler ELISA-Test kann den Anstieg der PAG-Konzentration ab dem 28. Tag p.c. nachweisen. Friedrich und Holtz etablierten 2006 den polygonalen PAG-ELISA. Eine sichere Auskunft über den Trächtigkeitsstatus eines Tieres kann damit ab dem 30. Tag p.c. gegeben werden. Green entwickelte 2009 einem auf dem ELISA-Prinzip basierenden Schnelltest.

Seit geraumer Zeit wird auch an einem PAG-Milchtest geforscht. Mit Hilfe eines RIA-Tests (González et al., 2001) und ELISA-Tests (Friedrich und Holtz, 2004) ist es möglich, PAG in der Milch nachzuweisen. Derzeit gibt es Bemühungen, ein geeignetes praxistaugliches Nachweisverfahren für PAG in Kuhmilch zu etablieren (Bella et al., 2011).

2.4. Pregnancy associated glycoproteins (PAGs)

Erstmals in den frühen 80er Jahren des letzten Jahrhunderts isolierten Wissenschaftler ein trächtigkeitsassoziiertes Protein, das „Pregnancy-specific protein“ (PSPB) (Bulter et al., 1982). In den darauffolgenden Jahren wurde intensiv zum Themenkomplex „trächtigkeitassozierte Proteine beim Rind“ geforscht (Sasser et al., 1989; Xie et al., 1991; Zoli et al., 1991; Xie et al., 1994; Mialon et al., 1994; Beckers, 1999; Beckers et al., 1999). So konnte die Arbeitsgruppe um Zoli 1991 eine Gruppe von sauren, 67 kDA schweren Glykoproteinen in den fetalen Kotyledonen nachweisen. Diese Proteine erhielten den Namen „bovine pregnancy associated glycoprotein“ (PAGs). Da die Aminosäurenfrequenzen von PSPB und PAG nahezu identisch sind, werden beide Bezeichnungen synonym verwendet (Lynch et al., 1992; Xie et al., 1991).

PAGs gehören zur Familie der Aspartat-Proteasen (Beckers et al., 1999), zu der auch Pepsin, Renin, Cahtepsin und Chymosn gehören (Xie et al., 1991). Wooding et al. (2005) teilten die PAGs nach ihrem phylogenetischen Verwandtschaftsgrad in zwei Gruppen ein. Die ältere Gruppe wird weitestgehend im gesamten Trophektoderm gebildet und trägt die Bezeichnung PAG-2.

Die Gruppe des jüngeren Ursprungs wird als PAG-1 bezeichnet. Diese Gruppe wird in den zweikernigen Zellen der Trophoblasten-Riesenzellen gebildet (Zoli et al., 1991). Die Trophoblasten-Riesenzellen sind von zahlreichen glykoproteinhaltigen Granula ausgefüllt. Sie enthalten neben den PAGs noch weitere Stoffe, wie Somatomammotropine, Prolaktin, Laktogene sowie Wachstmshormone (Duello et al., 1986; Wooding und Beckers 1987; Green et al. 2000; Klisch und Leiser 2003; Klisch et al. 2005; Wooding et al., 2005).

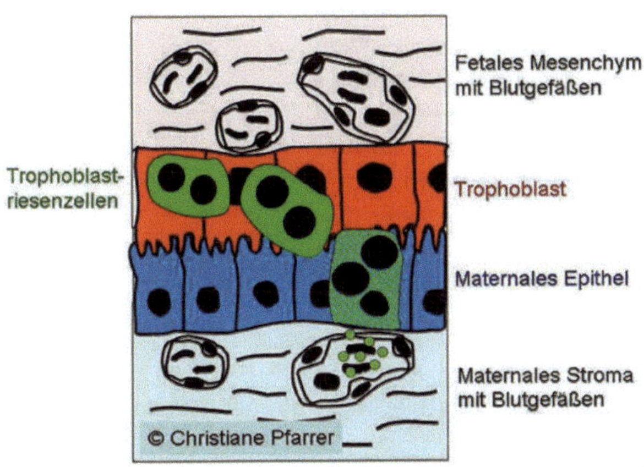

Abbildung 3: Schematische Darstellung der synepitheliochorialen Rinderplazenta nach Pfarrer (2012). Rosa und rot markierten Bereiche zeigen Embryogewebe, blaue Bereiche maternales Gewebe. Zu erkennen: Wanderung grüner, mit Granula gefüllter Trophoblastriesenzellen vom roten Embryogewebe ins maternale (blaue) Gewebe.

Die Arbeitsgruppe um Pfarrer fand heraus, dass eine Population invasiver Trophoblastriesenzellen eine kurze und damit überschaubare Migration in Richtung des maternalen Epithels macht, um dort mit einzelnen maternalen Epithelzellen zu Hybridzellen zu fusionieren (Abbildung 3). Auf diese Weise werden Substanzen an das maternale Kompartiment übergeben (Zeiler et al., 2007).

Einige PAGs können schon während der Implantation im maternalen Kreislauf nachgewiesen werden. Die Expression anderer Formen (Abbildung 4) erfolgt nur zu bestimmten Zeiten und daher ist ein Nachweis über die gesamte Trächtigkeit nicht möglich (Green et al., 2000).

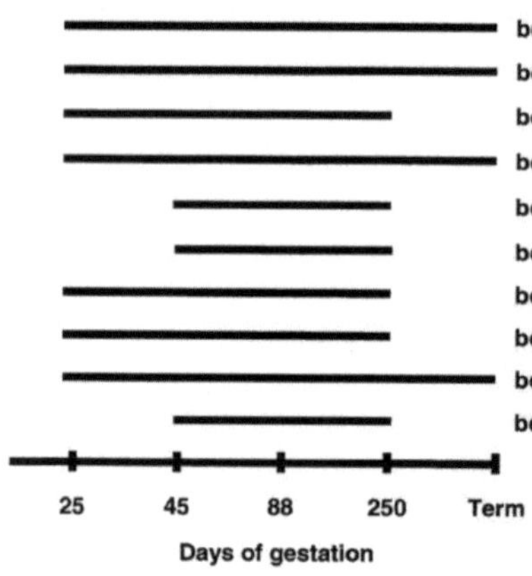

Abbildung 4: Expressionsmuster verschiedener boviner PAGs während des Trächtigkeitsverlaufs (Green et al., 2000).

Inzwischen konnten bis dato alleine 21 bovine PAGs identifiziert werden (Green et al., 2000). Auch andere Tierarten wie Ziege, Schaf, Schwein, Ratte, Pferd, Lama, Katze, Elch, Maus und Rentier bilden ebenfalls PAGs.

Zu Beginn der Trächtigkeit bis etwas zum 150. Tag steigt die PAG-Konzentration im Serum langsam an. Rund zehn Tage vor der Geburt kommt es zu einem starken Anstieg auf bis zu über 1.000 ng PAG/ml. Aufgrund der hohen Konzentrationen vor der Kalbung und der langen Halbwertszeit von PAG kann bis zu 100 Tage postpartum PAG (Abbildung 5) nachweisbar sein (Zoli et al., 1992). PAG-Konzentration und PAG-Verlaufsprofil variieren tierindividuell. Sie hängen jedoch auch von Trächtigkeitsstadium, Fötenanzahl, Geschlecht des Fötus sowie dem eingesetzten Bullen ab (Zoli et al., 1992; Dobson et al., 1993; Lopez-Gatius et al., 2007). Daneben wird auch von einer negativen Korrelation zwischen gemessener PAG-Konzentration und Milchleistung in der Frühlaktation berichtet (Lopez-Gatius et al., 2007). Serrano et al. (2009) fanden heraus, dass bei Vermeidung von Hitzestress und einer Verbesserung des Kuhkomforts die Expression von PAG verbessert wird.

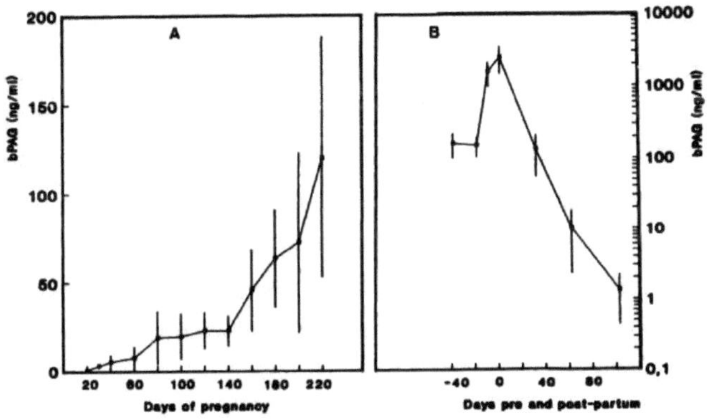

Abbildung 5: Verlauf der PAG-Konzentration im Serum 20 trächtiger Kühe (x ± SD) von Tag 20 der Trächtigkeit bis Tag 100 p.p mittels Testverfahren RIA (Zoli et al., 1992).

Die biologische Funktion der PAGs ist bis heute unklar. Mehrere Arbeitsgruppen (Zoli et al., 1992, del Vecchio et al., 1995a, 1995b, 1996, Austin et al., 1999, Dosogne et al., 2000, Wooding et al., 2005, Sousa et al., 2006, Haugejorden et al., 2006, Jeanrond, 2007) forschten in den vergangenen Jahren an unterschiedlichen Hypothesen dazu. PAGs scheinen danach sowohl eine hormonelle als auch eine immunmodularische Funktion zu besitzen.

Es ist bekannt, dass PAG auch in der Milch nachweisbar ist. Jedoch liegt die Konzentration in der Milch weit unter der in Serum (Friedrich und Holtz, 2010).

2.5 PAG-Analytik im Labor

Friedrich und Holtz etablierten 2006 den PAG-ELISA. Dabei handelt es sich um einen Doppelantikörper-ELISA-Test (Abbildung 5), bei dem die Konzentration von PAG-1 im Serum gemessen wird. ELISA steht als Abkürzung für Enzym-Linked-Immunosorban-Assay, ein immunulogisches Nachweisverfahren mit breiter Anwendung sowohl in der Human- als auch in der Veterinärmedizin.

Beim PAG-ELISA wird eine Mikrotitrationsplatte mit einem Anti-Kaninchen-IgG-Antikörper vom Schaf beschichtet. Im zweiten Schritt wird ein spezifischer Antikörper aufgetragen. Dazu werden Kaninchen gegen PAG immunisiert (Anti-bPAG). Die beiden Antikörper binden sich aneinander. Die aus der PAG-Probe aufgetragenen Antigene konkurrieren mit einem ebenfalls aufgetragenen, emzymmarkierten Antigen (Tracer) um die freien Bindungsplätze des Anti-bPAG-Antikörpers. Mit Hilfe eines enzymspezifischen Substrats wird die Immunreaktion messbar gemacht. Der entstehende Substratumsatz ist umkehrt proportional zur Menge der freien Antigene (Märtlbauer, 1993). Somit sind die Proben mit hohen PAG-Gehalten schwächer blau gefärbt als die mit niedrigen Gehalten.

Hoftierärzte und Praktiker können das Angebot nutzen. Dazu müssen mindestens 2 ml Blut ins Labor eingesandt werden. Die Blutproben werden im Kühlschrank gelagert. Einmal wöchentlich wird der PAG-ELISA von einer Laborantin durchgeführt. Freitags erhalten die Kunden die Ergebnisse per Fax oder E-Mail.

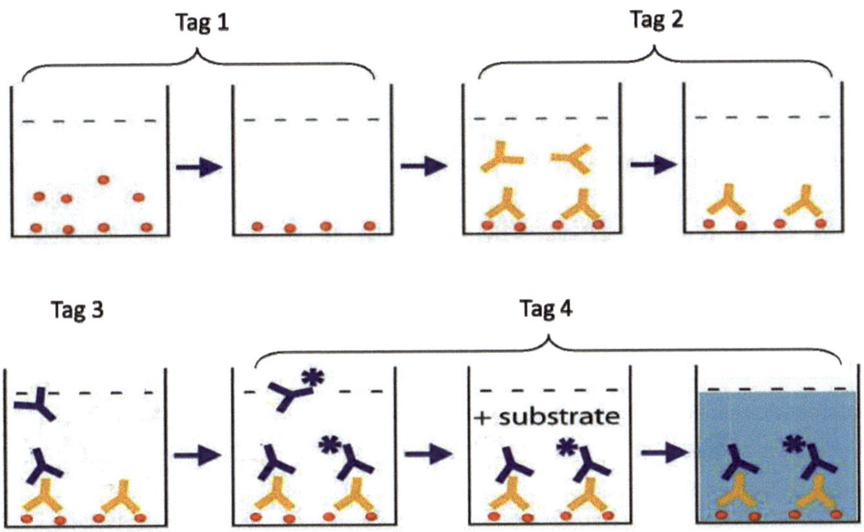

Abbildung 6: Schematische Darstellung des PAG-ELISA-Tests mit den einzelnen Arbeitsschritten. Die roten Kreise symbolisieren den Anti-Kaninchen-IgG-Antikörper vom Schaf, die gelbe y-förmigen Symbole den spezifischen Antikörper Anti-bPAG, die blauen y-förmigen Symbole den PAG-Antigene aus der Probe und die blauen y-förmigen Symbole mit Stern die enzymmarkierten Antigene (Tracer). Am 4. Tag steht „substrate" für die Zugabe von enzymspezifischem Substrat, wobei es zu einem blauen Farbumschlag in der Probe kommt. Gemessen wird mit einem Photometer. Dieser Test wird inzwischen routinemäßig angewandt. Die Durchführung erfolgt nach der Beschreibung von Friedrich und Holtz (2010).

2.6. Qualität diagnostischer Proben

Der diagnostische Prozess bis zur Erstellung des fertigen Laborbefundes wird in drei Schritte eingeteilt:

- Präanalytik,
- Analytik und
- Postanalytik (Halswachs-Baumann, 2011).

In allen drei Prozessen können biologische, analytische und technische Variablen das Messergebnis beeinflussen (Guder et al., 2002). Nach einer Literaturstudie von Schlebusch (2008) liegt die Fehlerprävalenz bei laboratoriumsmedizinischen Untersuchen im präanalytischen Bereich im Mittel bei 57 % mit einer Schwankungsbreite je nach Studie zwischen 35 und 75 %. Im analytischen Bereich treten im Mittel nur 18 % aller Fehler auf. Dagegen zeichnet die Postanalytik für durchschnittlich 25 % aller Fehler verantwortlich.

Der Begriff Präanalytik umfasst die Gesamtheit administrativer und praktischer Prozesse der Gewinnung, Aufarbeitung, Lagerung und des Transports eines labormedizinischen Untersuchungsmaterials vor der Durchführung des eigentlichen Labortests (Seelig et al., 2008). In einer Studie wurden Fehlerquoten in der präanalytischen Phase von bis zu 75 % ermittelt (Stahl et al., 1998).

Auf Grund der vielen möglichen Einflussfaktoren der Präanalytik auf den Gesamtprozess der Blutuntersuchung liefert die präanalytische Phase der Blutuntersuchung das größte Potential für die Optimierung der Qualität (Lippi und Guidi, 2006).

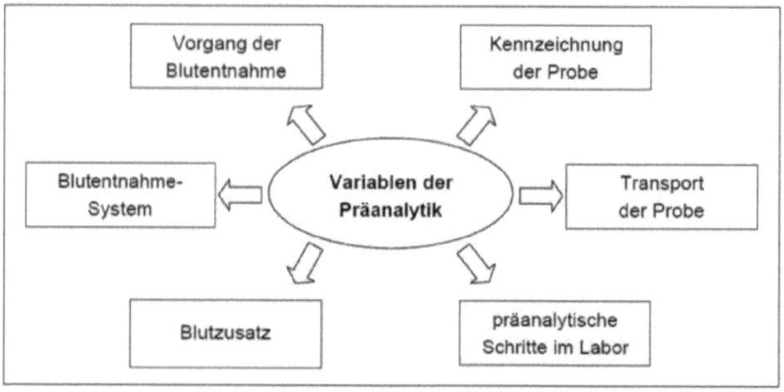

Abbildung 7: Einflussgrößen auf die präanalytische Phase der Blutuntersuchung (Schulze, 2008).

In der Labormedizin unterscheidet man zwischen Einfluss- und Störgrößen (Abbildung 7). Einflussgrößen bedingen in-vivo-Veränderungen im Blut, wie zum Beispiel Alter, Geschlecht, Rasse (Renz, 2003). Sie sind von Störgrößen zu unterscheiden, die in vitro mit der Analytik der angewendeten Methoden interferieren (Guder, 2009). Dazu gehören Transport, mechanische Belastung, Antikoagulanzien, Beschriftung und Lagerdauer der Probe.

Laut DIN EN ISO 15189:2003 soll das Labor Anleitungen zur Probennahme veröffentlichen, die unter anderem die Art und Weise der Blutentnahme mit Beschreibungen zu den verwendbaren Röhrchen und deren Zusätzen, Anweisungen zur Lagerung der Proben und Zeitlimits beinhalten (Wood, 2005). Diese Norm gilt allerdings nur für humanmedizinische Laboratorien.

Postanalytische Fehler sind vielfach nicht so offensichtlich wie präanalytische, darum aber für die Qualität des Befundes nicht weniger wichtig und bedeutsam (Schlebusch, 2008). Die postanalytische Phase umfasst folgende Schritte:

- Technische und medizinische Validierung des Untersuchungsergebnisses,
- Mitteilung der Ergebnisse,
- Dokumentation und Speicherung der Ergebnisse.

Bewertungen auf der biologischen/medizinischen Ebene betreffen die Beurteilung des Analyseergebnisses in Bezug auf einen entsprechenden Referenzbereich oder eine festgelegte Entscheidungsgrenze (Sprenger und Arndt, 2009).

2.7 Literaturverzeichnis

Ahlers, D. 1999. Forensik. Seite 397-402 in Fertilitätsstörungen beim weiblichen Rind. Herausgeber E. Grunert, M. Berchthold. 3. Auflage, Parey Verlag, Berlin. Deutschland.

Ahlers, D., P. Andresen. 1997. Trächtigkeit. Seite 99-127 in Buiatrik, Band 1, Euterkrankheiten, Geburtshilfe und Gynäkologie, Andrologie und Besamung. 5. Auflage, Verlag M.&H. Schaper, Hannover. Deutschland.

Alexander, B.M., M.S. Johnson, R.O. Guardia, W.L. van de Graaf, P.L. Senger, R.G. Sasser. 1995. Embryonic loss from 30 to 60 days post breeding and the effect of palpation per rectum on pregnancy. Theriogenology, 43: 551-556.

Aurich, J.E. 1999. Embryonale Mortalität. Seite 255 in Fertilitätsstörungen beim weiblichen Rind. 3. Auflage, Parey Bucherverlag, Berlin, Deutschland.

Austin, K.J., King, C.P., Vierk, J.E., Sasser, R.G., Hansen, T.R. 1999. Pregnancy-specific protein B induces release of an alpha chemokine in bovine endometrium. Endocrinology, 140: 542-545.

Bajema, D.H., M.P. Hoffman, T.E. Aitchison, S.P. Ford. 1994. Use of cow-side progesterone tests to improve reproductive performance of high-producing dairy cows. Theriogenology, 42: 765-771.

Beckers, J.F. 1999. Inactive members of the aspartic proteinase family, the ruminants pregnancy-associated glycoproteins for serological diagnosis. Annales De Medecine Veterinaire, 143: 253.

Beckers, J.F., P.V. Drion, J.M. Garbayo, Z. Perenyi, A. Zarrouk, J. Sulon, B. Remy, O. Szenci. 1999. Pregnancy Associated Glycoproteins in ruminants: Inactive members of the aspartic proteinase family. Acta Veterinaria Hungarica, 47: 461-469.

Bella, A., M. de Sousa, F. Lopez-Gatius, F. Garcia-Ispierto, I. Schoofs, L. Chahiba, J.F.Beckers. 2011. Development of a new radioimmunoassay by using antiserum against pregnancy-associated glycoprotein II : concentrations in holstein dairy cattle. Seite 63. 6th European Congress of Bovine Health and Management (ECBHM). Belgium.

Bilodeau-Goessel, S., J.P. Kastelic. 2003. Facteurs influant sur la survie et les stratégies embryon de réduire la mortalité embryonnaire chez les bovins. Canadian Journal of Animal Science, 83: 659-671.

Bostedt, H., C. Klein. 2006. Zum Abort – Totgeburten – Komplex in Milchrinderbeständen. 15. Milchrindertag in Gießen, 7./8. 3.2006. Deutschland.

Butler, J.E., W.C. Hamilton, R.G. Sasser, C.A. Ruder, G.M. Hass, R.J. Williams. 1982. Detection and Partial Characterization of 2 Bovine Pregnancy-Specific Proteins. Biology of Reproduction, 26: 925-933.

Caraviello, D.Z., K.A. Weigel, P.M. Fricke, M.C. Wiltbank, M.J. Florent, N.B. Cook, K.V. Nordlund, N.R. Zwald, C.L. Rawson. 2006. Survey of management practices on reproductive performance of dairy cattle on large US commercial farms. Journal of Dairy Science, 89: 4723-4735.

Caudle, A.B., T. Clekis, F.N. Thompson, S.D. Vancamp. 1980. Progesterone in Bovine-Milk Fat. Theriogenology, 14: 329-338.

Cerri, R.L., H.M. Rutigliano, R.C. Chebel, J.E. Santos. 2009: Period of dominance of the ovulatory follicle influences embryo quality in lactating dairy cows. Reproduction, 137: 813-823.

del Vecchio, R.P., Sutherland, W.D., Sasser, R.G. 1995a. Effect of pregnancy-specific protein B on luteal cell progesterone, prostaglandin, and oxytocin production during two stages of the bovine estrous cycle. J. Anim. Sci., 73: 2662-2668.

del Vecchio, R.P., Sutherland, W.D., Sasser, R.G. 1995b. Prostaglandin F2 alpha, progesterone and oxytocin production by cultured bovine luteal cells treated with prostaglandin E2 and pregnancy-specific protein B. Prostaglandins, 50: 137-150.

del Vecchio, R.P., Sutherland, W.D., Sasser, R.G. 1996. Bovine luteal cell production in vitro of prostaglandin E2, oxytocin and progesterone in response to pregnancy-specific protein B and prostaglandin F2 alpha. J. Reprod. Fert. , 107: 131-136.

Diskin, M.G., D.G. Morris. 2008. Embryonic and Early Foetal Losses in Cattle and Other Ruminants. Reproduction in Domestic Animals, 43: 260-267.

Dobson, H., T.G. Rowan, I.S. Kippax, P. Humblot, P. 1993. Assessment of Fetal Number, and Fetal and Placental Viability Throughout Pregnancy in Cattle. Theriogenology, 40: 411-425.

Dosogne, H., Massart-Leen, A,M., Burvenich, C. 2000. Immunological aspects of pregnancy-associated glycoprotein. Adv. Exp. Med. Biol., 480: 295-305.

Duello, T.M., J.C. Byatt, R.D. Bremel. 1986. Immunohistochemical localization of placental lactogen in binucleate cells of bovine placentomes. Endocrinology, 3: 1351–1355.

Egli, C., C. Holstein, S. Heine, W. Biemayer. 2011. Trächtigkeitsdiagnose leicht gemacht. Seite 22. Internationale Konferenz: Prophylaxe von Herden- bzw. Produktionskrankheiten- 7./8.10.2011. Medizinische Tierklinik der Veterinärmedizischen Fakultät der Universität Leipzig. Deutschland.

Fricke, P. M. 2002. Scanning the future - Ultrasonography as a reproductive management tool for dairy cattle. Journal of Dairy Science, 85: 1918-1926.

Friedrich, M., W. Holtz. 2010. Establishment of an ELISA for Measuring Bovine Pregnancy-Associated Glycoprotein in Serum or Milk and its Application for Early Pregnancy Detection. Reprod. Dom. Anim., 45: 142-146.

González, F, J. Sulon, P.O. Calero, M. Batista, A. Garcia, J.F. Beckers. 2001. Pregnancy-associated glycoproteins (PAG) detection in milk samples for pregnancy diagnosis in dairy goats. Theriogenology, 52: 671-676.

Green, J. A., Xie, S., Quan, X., Bao, B., Gan, X., Mathialagan, N., Beckers, J. F.,Roberts, R. M. 2000. Pregnancy-associated bovine and ovine glycoproteins exhibit spatially and temporally distinct expression patterns during pregnancy. Biology of Reproduction, 6: 1624 – 1631.

Green, J.A., T.E. Parks, M.P. Avalle, B.P. Telugu, A.L. McLain, A.J. Peterson, W. McMillan, N. Mathialagan, R.R. Hook, S. Xie, R.M. Roberts. 2005. The establishment of an ELISA for the detection of pregnancy-associated glycoproteins (PAGs) in serum of pregnant cows and heifers. Theriogenology, 63: 1481-1503.

Green, J.C., D.H. Volkmann, S.E. Poock, M.F.McGrath, M. Ehrhardt, A.E. Moseley, M.C. Lucy. 2009. Technical note: A rapid enzyme-linked immunosorbent assay blood test for pregnancy in dairy and beef cattle. Journal of Dairy Science, 92: 3819-3824.

Grunert, E. 1999. Sexulazyklus. Seite 3 in Fruchtbarkeitsstörungen beim weiblichen Rind 3rd ed., Parey Bucherverlag, Berlin, Germany.

Guder, W.G., W. Ehret, F. da Fonseca-Wollheim, W. Heil, O. Müller-Plathe, Y. Schmitt, G. Töpfer, H. Wisser, B. Zawta. 2002. Die Qualität diagnostischer Proben. J. Lab. Clin. Med., 26: 267-283.

Guder, W.G. 2009. Die Qualität labormedizinischer Untersuchungen. Seite 11-14. in Das Lehrbuch für Klinik und Praxis, Herausgeber W.G Guder, J. Nolte. 2. Auflage, Urban & Fischer Verlag/Elsevier GmbH, München. Deutschland.

Halwachs-Baumann, G. 2011. Störfaktoren. Seite 19. in Labormedizin – Klinik – Praxis – Fallbeispiele. 2. Auflage, Springer Verlag, Wien, New York.

Hansen M., M.S. Lund, J. Pedersen and L.G. Christensen. 2004. Gestation length in Danish Holsteins has weak genetic associations with stillbirth, calving difficulty, and calf size. Livest. Prod. Sci., 91: 23-33.

Haugejorden G., Waage S, Dahl E., Karlberg K., Beckers J.F., Ropstad E. 2006. Pregnancy associated glycoproteins (PAG) in postpartum cows, ewes, goats and their offspring. Theriogenology, 8: 1976-1984.

Helmer, S.D., J.H. Britt. 1986. Fertility of dairy cattle treated with human chorionic gonadotropin (hCG) to stimulate progesterone secretion. Theriogenology, 26: 683-695.

Hoffmann, V.B., R. Hamburger. 1973. Progesteron in der Milch: Radioimmunologische Bestimmung, Beziehungen zur Gelbkörperfunktion and Milchfettkonzentration. Reproduction in Domestic Animals, 8: 154-162.

Hoffmann, B., O. Gunzler, R. Hamburger, W. Schmidt. 1976. Milk Progesterone as a Parameter for Fertility-Control in Cattle - Methodological Approaches and Present Status of Application in Germany. British Veterinary Journal, 132: 469-476.

Jeanrond, E. 2007. Charakterisierung von Schwangerschaftsassoziierten Glykoproteinen der frühen und peripartalen Phase der Trächtigkeit des Rindes. Dissertation Veterinärmedizin an der Tierärztlichen Hochschule Hannover, Germany.

Johanson J.M., P.J. Berger. 2003. Birth weight as a predictor of calving ease and perinatal mortality in Holstein cattle. J. Dairy Sci., 86: 3745-3755.

Kähn, W. 1991. Atlas und Lehrbuch der Ultraschalldiagnostik, Gynäkologische Untersuchung und Reproduktion. Pfed, Rind, Schaf, Ziege, Schwein, Hund, Katze. 1. Auflage, Schlütersche Verlagssgesellschaft mbH & Co. KG, Hannover. Deutschland.

Klisch, K., Leiser, R. 2003. In bovine binucleate trophoblast giant cells, pregnancyassociated glycoproteins and placental prolactin-related protein-I are conjugated to asparagine-linked N-acetylgalactosaminyl glycans. Histochemistry and Cell Biology, 3: 211 – 217.

Klisch, K., N.M. Sousa, J.F. Beckers, R. Leiser, A. Pich, A. 2005. Pregnancy associated glycoprotein-1, -6, -7, and -17 are major products of bovine binucleate trophoblast giant cells at midpregnancy. Molecular Reproduction and Development, 4: 453 – 460.

Lippi, G., G.C. Guidi, C. Mattiuzzi, and M. Plebani. 2006. Preanalytical variability: The dark side of the moon in laboratory testing. Clin. Chem. Lab. Med., 44: 358–365.

Lopez-Gatius, F., J.M. Garbayo, P. Santolaria, J. Yaniz, A. Ayad, N.M. de Sousa, J.F. Beckers. 2007. Milk production correlates negatively with plasma levels of pregnancy-associated glycoprotein (PAG) during the early fetal period in high producing dairy cows with live fetuses. Domestic Animal Endocrinology 32: 29-42.

Lynch, R.A., B.M. Alexander, R.G. Sasser. 1992. The cloning and expression of the bovine pregnancy specific protein B (bPSPB) gene. Biol. Reprod., 46: 89.

Märtlbauer, E. 1993. Enzymimmunotests für antimikrobiell wirksame Stoffe. Ferdinand Enke Verlag, Stuttgart. Deutschland.

Meier, S., C.R. Burke. 2010. Understanding mechanisms contributing to reduced fertility: The reproductive physiology of sub-fertility. Proceedings of the 4th Australasian Dairy Science Symposium 2010, 417-423.

Mialon, M.M., S. Camous, G. Ranard, J. Martal, F. Ménissier. 1994. Peripheral concentrations of a 60-kDA pregnancy serum protein during gestation and after calving and in realtionship to embryonic mortality in cattle. Reprod. Nutr. Dev., 33: 269-282.

Möller, R. 1991. Enzymeimmunoassays with second antibody for progesterone and porcine LH. Dissertation Göttingen. Deutschland.

Möller, R., W. Holtz. 1989. Cowside-tests for progesterone - a useful tool for farmers and veterinarians. Zuchthygiene-Reproduction in Domestic Animals, 24: 158.

Momont H., 1990: Rectal palpation safety issues. Bovine Practitioner 25: 122-123.

Nadarajah K., E.B. Burnside, L.R. Schaeffer. 1989. Factors affecting gestation length in Ontario Holsteins. Can. J. Anim. Sci., 69: 1083-1086.

Niggemeyer, H., H. Meinhardt, W. Holtz. 1990. Determining Pregnancy in the Cow with the Milk Progesterone Test and Ultrasound. Reprod. Dom. Anim. 25.

Noakes, D.E., 1996: The infertile dairy cow -its diagnosis and treatment. Course on Cattle Breeding and Fertility, The Royal Veterinary College, University of London.

Nogalski, Z., D. Piwczynski. 2012. Association of Length of Pregnancy with Other Reproductive Traits in Dairy Cattle. Asian-Australasian Journal of Animal Sciences, 25: 22-27.

Norman H.D., J.R. Wright, M.T. Kuhn, S.M. Hubbard, J.B. Cole, P.M. van Raden. 2009. Genetic and environmental factors that affect gestation length in dairy cattle. J. Dairy Sci., 92: 2259-2269.

Obritzhauser, W., Raganitsch, D. 2008. TGD-Programm Fruchtbarkeitsmanagement. Fortbildung für Tierärzte, 5. - 7. 06. 2008 an der Lehr- und Forschungszentrum für Landwirtschaft, Irdning, Österreich.

Pfarrer, C. 2012. AG Pfarrer – Forschung. http://www.tiho-hannover.de/kliniken-institute/institute/anatomisches-institut/forschung/ag-pfarrer.

Pierson, R. A., O.J. Ginther. 1988. Ultrasonic-Imaging of the Ovaries and Uterus in Cattle. Theriogenology, 29: 21-37.

Renz, H. 2009. Der analytische Prozess –Präanalytik, Analytik, Postanalytik. Seite 511-513 in Praktische Labordiagnostik. 1. Auflage, de Gruyter Verlag, Berlin. Deutschland.

Richardson, R.D., R.G. Mortimer, P. Whittier. 2010. Comparison of Fetal Losses from Diagnosis of Pregnancy Using Ultrasonsgraphy or Rectal Palpation in Beef Heifers by Novice or Expericend Technicans. The Professional Animal Scientist, 26: 341-346.

Roche J.R, Friggens N.C., Kay J.K., Fisher M.W., Stafford K.J., Berry D.P. 2009. Invited review: body condition score and its association with dairy cow productivity, health, and welfare. Journal of Dairy Science, 92: 5769–5801.

Romano, J.E., J.A. Thompson, D.W. Forrest, M.E. Westhusin, M. A. Tomaszweski, D.C. Kraemer. 2006. Early pregnancy diagnosis by transrectal ultrasonography in dairy cattle. Theriogenology, 66: 1034-1041.

Romano, J.E., J.A. Thompson, D.C. Kraemer, M.E. Westhusin, M.A. Tomaszweski, D.W. Forrest. 2011. Effects of early pregnancy diagnosis by palpation per rectum on pregnancy loss in dairy cattle. Javma-Journal of the American Veterinary Medical Association, 239: 668-673.

Rosenbaum, A., L.D. Warnick. 2004. Pregnancy diagnosis in dairy cows by palpation or ultrasound: a survey of US veterinarians. Proceedings 37th AABP Annual Meeting, Forth Worth, TX, 198.

Ruiz, F.J., P.A. Oltenacu, R.D. Smith. 1992. Cost-Benefit Evaluation of On-Farm Milk Progesterone Testing to Monitor Return to Cyclicity and to Classify Ovarian Cysts. Journal of Dairy Science, 75: 1036-1043.

Santos, J.E., W.W. Thatcher, R.C. Chebel, R.L. Cerri, K.N. Galvão. 2004. The effect of embryonic death rates in cattle on the efficacy of estrus synchronisation programs. Animal Reproduction Science, 82-83: 513-535.

Sartori, R., R. Sartor-Bergfelt, S. A. Mertens, J.N. Guenther, J. J. Parrish, M. C. Iltbank 2002: Fertilization and early embryonic development in heifers and lactating cows in summer and lactating and dry cows in winter. J Dairy Sci., 85: 2803-2812.

Sasser, R G., J. Crock, C.A. Ruder-Montgomery. 1989. Characteristics of pregnancy-specific protein B in cattle. Journal of reproduction and fertility. Supplement, 37: 109-113.

Schlebusch, H. 2008. Prä- und Postanalytik. Seite 52 in POCT – Patientennahe Labordiagnostik. 1. Auflage. P.B. Luppa und H. Schlebusch. Springer Medizin Verlag Heidelberg, Deutschland.

Schulze, B. 2008. Ex vivo-Veränderungen von Parametern des Stoffwechselprofils im Rinderblut – Ein Beitrag zur Entwicklung von Qualitätsstandards für die Blutentnahme beim Rind. Dissertation aus der Klinik für Klauentiere des Fachbereichs Veterinärmedizin der Freien Universität Berlin, Germany.

Seelig, H.-P., A. Koch, E. Muller, J. O. Schurek, C. A. Seelig, T. Stauch. 2008. Verarbeitung und Lagerung von Blutproben. Seite 1 Präanalytik. 3. Auflage, Alexander Thielbeer Druckerei & Verlag GmbH, Ettlingen, Deutschland.

Serrano, B., F. Lopez-Gatius, P. Santolaria, S.Almeria, I. Garcia-Ispierto, G. Bech-Sabat, J. Sulon, N.M. de Sousa, J.F. Beckers, J.L. Yaniz. 2009. Factors affecting plasma Pregnancy-associated Glycoprotein 1 concentrations throughout gestation in high-producing dairy cows. Reproduction in Domestic Animals, 44: 600-605.

Silke, V., M.G. Diskin, D.A. Kenny, M.P. Boland, P. Dillon, J.F. Mee, J.M. Sreenan. 2002. Extent, pattern and factors associated with late embryonic loss in dairy cows. Animal Reproduction Science, 71: 1-12.

Silva H.M., C.J. Wilcox, W.W. Thatcher, R.B. Becker, D. Morse. 1992. Factors affecting days open, gestation length, and calving interval in Florida dairy cattle. J. Dairy Sci., 75: 288-293.

Sprenger, H., Arndt, T. 2009. Allgemeine klinisch-chemische Analytik. Seiten 510-512 in Praktische Labordiagnostik, Herausgeber H. Renz, 1. Auflage, Walter de Gruyter Verlag, Berlin. Deutschland.

Sousa, N.M., Ayad, A., Beckers, J.F., Gajewski, Z. 2006. Pregnancy-associated glycoproteins (PAG) as pregnancy markers in the ruminants. J Physiol Pharmacol. 8: 153-171.

Sreenan, J.M., M.G. Diskin, D.G. Morris. 2001. Embryo survival in cattle, a major limitation to the achievement of high fertility. BSAS Occas. Publ., 15: 1-12.

Stahl, M., E.D. Lund, I. Brandslund. 1998. Reasons for a laboratory´s inability to report results for requested analytical tests. Clin. Chem., 44: 2195-2197.

Thatcher, W., W.K. L. Macmillan, P J. Hansen, M. Drost. 1989. Concepts for regulation of corpus luteum function by the conceptus and ovarian follicles to improve fertility. Thenogenology, 31:149.

van der Weijden, Taverne, M. 1999. Trächtigkeitsuntersuchung. Seiten 78-92 in Fruchtbarkeitsstörungen beim weiblichen Rind. 3. Auflage, Parey Bucherverlag, Berlin, Deutschland.

Walsh S.W., E.J. Williams, A.C.O. Evans. 2011. A review of the causes of poor fertility in high milk producing dairy cows. Anim Reprod Sci, 123: 127-138.

Wathes, D.C. 1992. Embryonic mortality and the uterine environment. J. Endocrinol,, 134: 321-325.

Wood, W.G. 2005. The preanalytical phase – Can the requirements of the DIN-EN-ISO 15189 be met practically for all laboratories? A view of the „German Situation". Clincal Laboratory, 51: 665-671.

Wooding, F.B., J.F. Beckers. 1987. Trinucleate cells and the ultrastructural localisation of bovine placental lactogen. Cell and Tissue Research, 3: 667 – 673.

Wooding, F.B., R.M. Roberts, J.A. Green. 2005. Light and electron microscope immunocytochemical studies of the distribution of pregnancy associated glycoproteins (PAGs) throughout pregnancy in the cow: possible functional implications. Placenta, 10: 807 – 827.

Xie, S.C.,B.G. Low, R.J. Nagel, K.K. Kramer, R.V. Anthony, A.P. Zoli, J.F. Beckers, R.M. Roberts. 1991. Identification of the Major Pregnancy-Specific Antigens of Cattle and Sheep as Inactive Members of the Aspartic Proteinase Family. Proceedings of the National Academy of Sciences of the United States of America, 88: 10247-10251.

Xie, S.C., B.G. Low, R.J. Nagel, J.F. Beckers, R.M. Roberts. 1994. A Novel Glycoprotein of the Aspartic Proteinase Gene Family Expressed in Bovine Placental Trophectoderm. Biology of Reproduction, 51: 1145-1153.

Zeiler M., Leiser R., Johnson G.A., Tinneberg H.-R., Pfarrer C. 2007. Development of an in vitro model for bovine placentation: a comparison of the in vivo and in vitro expression of Integrins and components of extracellular matrix in bovine placental cells. Cells Tissues Organs 186: 229-242.

Zoli, A.P., J.F. Beckers, P. Wouters-Ballman, J. Closset, P. Falmagne, F. Ectors. 1991. Purification and characterization of bovine pregnancy-associated glycoprotein. Biol. Reprod., 45: 1-10.

Zoli, A.P., L.A. Guilbault, P. Delahaut, W.B. Ortiz, J.F. Beckers. 1992. Radioimmunoassay of a Bovine Pregnancy-Associated Glycoprotein in Serum – Its Application for Pregnancy Diagnosis. Biol. Reprod., 46: 83-92.

KAPITEL 3

Pre-analytic sources of error with the serum PAG-pregnancy test for cows

Published in Journal of Agricultural Science

Vol. 7, No. 10, 2015

online published: September 15, 2015:

40–47

Pre-analytic sources of error with the serum PAG-pregnancy test for cows

Friederike Stahmann[1], Matthias Gauly[2], Uta König von Borstel[1], Wolfgang Holtz[1]

[1]Department of Animal Science, Georg-August-University Goettingen, Goettingen, Germany

[2] Faculty of Science and Technology, Free University of Bolzano, Bozen, Italy

3.1 Abstract

The pregnancy associated glycoprotein (PAG) test for pregnancy detection in cows necessitates transportation of blood samples to the laboratory. This investigation addresses preanalytic sources of error that might compromise its reliability. During shipping blood samples undergo substantial temperature fluctuations (Experiment 1). Temperatures of whole blood beyond 0°C had no effect, whereas freezing reduced measurements by 22% at -10 °C and by 25% at -20 °C (Experiment 2). Freezing of blood with low PAG content (Experiment 3) caused an increase from 2.4 to 3.7 ng/ml ($P < 0.01$). Cryopreservation of serum with various PAG concentrations (Experiment 4) brought about increases to varying degrees. The presence of heparin and EDTA in collecting tubes had no effect on PAG measurements, whereas citrate caused an initial reduction, but remained stable thereafter (Experiment 5). In blood stored six months at chilling temperature no change in PAG values occurred as long as samples contained heparin or EDTA (Experiment 6). In Experiment 7 vortexing of whole blood showed no effect, whereas freezing and dilution with water seriously compromised results. In summary, to obtain reliable PAG measurements, contamination with water must be avoided; freezing of whole blood or serum and the use of collecting tubes containing citrate will result in inaccuracies without altogether distorting results. High ambient temperature, physical agitation and long term storage at chilling temperature in the presence of heparin or EDTA will have no impact. PAG determination in blood may thus be considered a reliable pregnancy test for cows in most situations.

Key words: blood test, cow, PAG, pregnancy associated glycoprotein, pregnancy detection

3.2 Introduction

Pregnancy diagnosis is an essential component of effective reproductive management in the dairy industry. Pregnancy can be diagnosed via rectal palpation with or without the support of ultrasonography, milk progesterone test or, more recently, measurement of pregnancy associated glycoproteins (PAGs) in blood or, in lactating cows, in milk. PAGs have their origin in the placenta of pregnant cows (Zoli, Beckers, Wouters-Ballman, Closset, Falmagne, & Ectors, 1991; Hughes, Green, Garbayo, & Roberts, 2000). PAG concentration in blood may be determined by radioimmunoassay (RIA) (Sasser, Ruder, Ivani, Butler, & Hamilton, 1986; Zoli, Guilbault, Delhaupt, Benitez Ortiz, & Beckers, 1992) or enzyme-linked immunosorbent assay (ELISA) using monoclonal (Green et al., 2005) or polyclonal antibodies (Friedrich & Holtz, 2004, 2010). From day 28 of pregnancy onward PAG levels in pregnant cows will exceed 2.0 ng/ml. At that stage the reliability of diagnosis approaches 94% (Friedrich & Holtz, 2010). Although the popularity of the PAG test is increasing (our laboratory offers the service since 2005), little information is available concerning potential sources of error that might compromise its reliability. In this investigation blood was exposed to various effects that might act between collection and analysis of blood samples and could conceivably have an impact on the outcome of the PAG pregnancy test.

3.3 Materials and Methods

All blood samples used in this sequence of experiments, with the exception of Experiment 4, originated from a single commercial farm and were taken by the same person by puncturing the abdominal vein (Vena epigastrica superficialis) with a sterile disposable needle (Braun Sterican 1.20 × 40 mm). Blood samples of about 3 ml were collected into 5ml-test tubes (Sarstedt, Numbrecht, Germany) and shipped to the laboratory on crushed ice. They were stored in a refrigerator at 7 °C for one day before being centrifuged for 10 min at 3000xg to obtain serum that was analyzed (in duplicate) for bPAG1-content by competitive double antibody ELISA as described by Friedrich and Holtz (2010). The minimum detectable level of the assay was 0.4 ng/ml and inter- and intra-assay CV at 0.8 ng/ml were 13.2% and 16.3%, respectively.

Experiment 1: Transport-related temperature fluctuation

A pilot study was conducted to get an impression as to temperature fluctuations blood samples are subjected to on the way from the farm to the laboratory. Temperature loggers (Tinytag Temperature Data logger; Range –40 °C to + 75 °C; Part No 9903-0017) were mailed from farms at five different locations in Germany on five warm summer and two cold winter days. Temperature was recorded at 15 minute intervals and times of dispatch and arrival at the laboratory were noted.

Experiment 2: Effect of various temperatures on whole blood

From each of nine lactating dairy cows at an advanced stage of pregnancy (123 to 211 days) seven blood samples were drawn, three of which were exposed to 0 °C, -10 °C and -20 °C for the duration of 14 days, three to +8 °C, +20 °C and +40 °C for the duration of 3 h and a control sample remained in the refrigerator at +7 °C for 3 h until being assayed.

Experiment 3: Effect of storage of whole blood at -20 °C

Two blood samples were drawn from each of 34 early pregnant (32 to 81 days) lactating dairy cows. Upon arrival at the laboratory one of the samples was analyzed immediately, the other was stored for two weeks at -20 °C before being analyzed.

Experiment 4: Effect of cryopreservation of serum with various PAG contents

Blood samples sent in by farmers for pregnancy testing were split into half after centrifugation. One part of the serum was assayed immediately to provide the herd owners with the diagnostic result; the other was stored at -20 °C. Two weeks later the counterparts of samples with PAG levels 0.39-0.45 ng/ml, 0.75-0.95 ng/ml, 1.58-1.93 ng/ml, 3.15-3.85 ng/ml, and 6.30-7.70 ng/ml, respectively, were picked out, thawed and analyzed.

Experiment 5: Effect of anticoagulants

Four samples were collected from each of ten lactating dairy cows, 55 to 92 days pregnant, one each into commercially available test tubes containing the anticoagulants heparin (Sarstedt, 4 ml, 16 I.E. heparin/ml), EDTA (Sarstedt, 4 ml, 1.8 ml EDTA/ml), citrate (Greiner bio-one, Vacuette, 3.5 mL 9NC Coagulation sodium citrate 3.2%) or no anticoagulant. After two hours samples were centrifuged and analyzed.

Experiment 6: Effect of long-term storage of blood at chilling temperature

From each of eleven lactating cows, 55 to 92 days pregnant, one sample each was collected into a commercially available test tube containing citrate, heparin, EDTA or no anticoagulant. After centrifugation part of the supernatant was aspirated and analyzed for PAG. The remaining samples in capped test tubes were kept in the refrigerator at 7 °C for six months. Thereafter samples were gently stirred with a glass probe, centrifuged once again and the supernatant was assayed for PAG.

Experiment 7: Effect of strain to blood cells

Of four blood samples from each of ten lactating dairy cows, 97 to 133 days pregnant, one per cow was vortexed for 10 minutes at maximum intensity on a standard laboratory mixer (Vortex Genie 2); one was frozen at -20 °C, one was diluted with an equal part of distilled water and one remained untreated. All samples were then centrifuged and analyzed for PAG.

Experimental design and statistical analyses

Experiments 2 to 7 were repeated three times to provide for replications. Samples were randomly distributed on 96-well microtiter plates. Each sample was pipetted in duplicate and means of the duplicates were assessed by the software Magellan (version 6.0). Using these means, the following linear mixed model was applied to Experiments 2, 3, 5 and 7: $y = \mu + \text{treatment} + \text{plate} + \text{animal} + e$

Where y represents the PAG value, μ the overall mean, “animal” and e are random factors (accounting for repeated measurements per animal), “plate” a blocking factor based on the distribution of samples to plates, and “treatment” the respective treatment method of the sample (Experiment 2: temperature prior to analysis [7 classes], Experiment 3: cryopreservation of whole blood [2 classes], Experiment 5: anticoagulants [4 classes]), Experiment 7: effect of strain to blood cells [4 classes].

The model for Experiment 4 (Cryopreservation of serum with various PAG-contents) was:

$$y = \mu + treatment + group + treatment*group + animal + e$$

Where y represents the PAG value, μ the overall mean, “animal” and e the random and residual effects (accounting for repeated measurements per animal), “group” the group according to the range of PAG values of the samples [6 classes], “treatment” the respective treatment method (fresh vs. frozen) of the sample, and “treatment X group” the interaction between treatment and group.

The model for Experiment 6 (Effect of long term storage of blood at chilling temperature) was:

$$y = \mu + treatment + agent + treatment*agent + animal + e$$

Where “treatment” represents the duration of storage (fresh vs. long-term storage in the refrigerator), “agent” the anticoagulants (4 classes), “treatment X agent” the interaction of the two. The remaining variables were the same as described above.

3.4 Results and Discussion

Experiment 1: Transport-related temperature fluctuation

Temperature loggers mailed to the laboratory from different locations took between two and five days to reach their destination. Despite protection provided by padded envelopes and, according to the weather service, relatively moderate weather conditions, recorded temperatures ranged from -9 °C to +34 °C (Figure 1). Under more drastic weather conditions more extreme temperature fluctuations might occur.

Seelig et al. (2008) point out that environmental conditions and irregularities with transportation and storage of blood samples may seriously compromise the outcome of certain analyses.

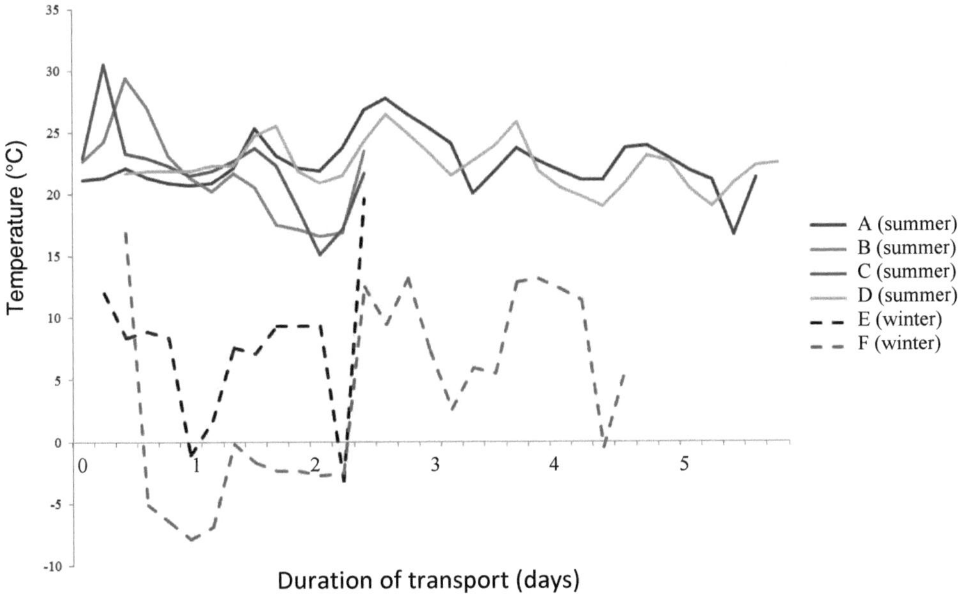

Figure 1. Temperatures recorded in packages mailed to the laboratory from various locations (A-F) during summer and winter months (Experiment 1).

Experiment 2: Effect of various temperatures on whole blood

Therefore, in Experiment 2 the effect of temperature extremes on PAG measurements in whole blood from cows at an advanced stage of pregnancy (high PAG level) was investigated. As shown in Figure 2, temperatures above freezing caused no changes in PAG values. Tasker (1978), Wittwer, Boehmwald and Klaasen (1986) and Fontaine, Hamelin and Couture (1987) point out that blood proteins remain stable at temperatures above 0 °C and Guder (2002) mentions stability for six days at 4 °C to 8 °C. In samples exposed to -10 °C and -20 °C, however, PAG values were reduced by 22% and 25%, respectively ($P < 0.01$). According to Privalov

(1990), denaturation of proteins at freezing temperatures cannot be ruled out, conceivably due to cell damage by ice crystal formation that may result in aberrations in pH and/or osmotic conditions (Heiss & Eichner, 1995; Sonntag, 2009). Aberrations in molecular conformation might have an impact on binding sites for assay antibodies. These deviations are particularly relevant with slow freezing (Boegh-Soerensen, 1985; Farkas, 2007) and according to Seelig et al. (2008) it would be possible to avoid them by shock freezing in liquid nitrogen.

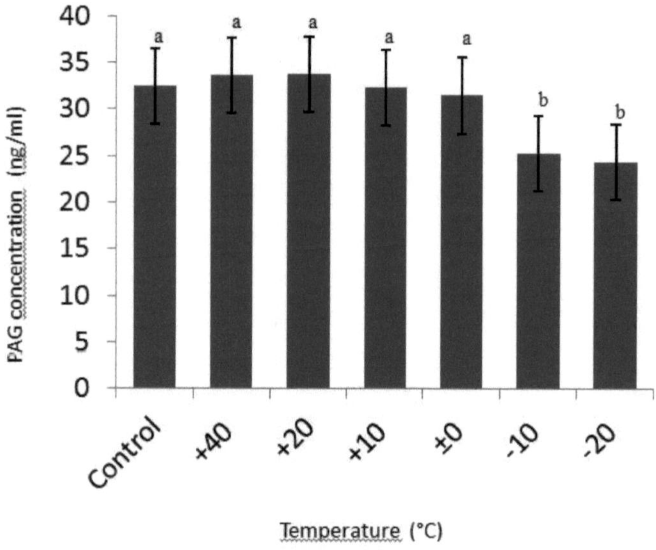

Figure 2. Effect of storage of whole blood from cows 123 to 211d pregnant for 3h at 0°C, 20 °C or 40 °C, and for 2 weeks at -10 °C or -20 °C on the outcome of PAG measurement (means ± SE; a,b: $P < 0.01$) (Experiment 2).

Experiment 3: Effect of storage of whole blood at -20 °C

Freezing of whole blood from early pregnant cows with relatively low PAG levels (Experiment 3) resulted in an increase in PAG values from 2.4 ng/ml in non-frozen serum samples to 3.7 ng/ml ($P < 0.01$). The discrepancy with the findings of

Experiment 2 might be ascribed to differences in PAG molecules prevailing at an early vs. an advanced stage of pregnancy (Green et al., 2005), pertaining, according to Klisch et al. (2005), to differences in molecular mass or arrangement of carbohydrate side chains. As reported in Stahmann, Gauly, Holtz and Koenig von Borstel (2013), this phenomenon necessitates application of different correction factors to compensate for the distorting effect of freezing on PAG measurements at different PAG levels.

Experiment 4: Effect of cryopreservation of serum with various PAG contents

In serum samples with different PAG levels cryopreserved at -20 °C (Experiment 4) PAG concentration was elevated by 26% to 80% with an overall mean of 54% (Table 1). Individual variability was high, nonetheless, in the three groups with the highest deviation (53%, 69% and 80%), the effect of freezing was statistically significant ($P < 0.01$). The differences in degree of deviation might be associated with the respective stage of pregnancy with different PAG molecules prevailing (Green et al., 2005; Klisch, De Sousa, Beckers, Leiser, & Pich, 2005).

Table 1. Effect of cryopreservation of serum containing various concentrations (ng/ml blood) of PAG (Experiment 4).

PAG concentration	n	Prefreezing		Postfreezing		Difference %
		Mean	SE	Mean	SE	
0.39-0.45	6	0.45^{a}	0.52	0.81^{b}	0.40	+80
0.75-0.95	6	0.87^{ab}	0.54	1.23^{bc}	0.43	+41
1.58-1.93	6	1.69^{c}	0.52	2.85^{d}	0.41	+69
3.15-3.85	6	3.99^{d}	0.53	6.12^{e}	0.42	+53
6.30-7.70	6	6.78^{ef}	0.51	8.52^{f}	0.41	+26

Note. ^{abcdef} Different superscripts indicate differences between prefreezing and postfreezing as well as between PAG concentrations ($P < 0.05$).

According to Scheiffarth, Goetz and Cerny (1965) and Tasker (1978) molecular structure is maintained in blood stored at -20 °C, albeit Seelig et al. (2008) stress that, in order to achieve reliable results, freezing and thawing protocols ought to be carefully standardized.

Experiment 5: Effect of anticoagulants

It is not unusual to use test tubes with anticoagulants when collecting blood. The data presented in Figure 3 (Experiment 5) indicate that, in the case of heparin and EDTA, no deviation is to be expected. In citrate containing test tubes, however, PAG values were significantly reduced ($P < 0.01$). Heparin acts by inactivating thrombin and blocking the activity of several clotting factors and plasmin (Mollison, 1989) whereas citrate is a chelating agent blocking the calcium-dependent step in the cascade of events leading to clotting by sequestering the calcium ions required for catalytic action, a mode of action quite similar to that of EDTA (Auld, 1995). We have no plausible explanation why citrate would bring about a decrease in PAG whereas the other coagulants do not. According to Seelig et al. (2008) and Lippi et al. (2013), the ratio of citrate to blood is critical. In the present study blood was collected directly into the collecting tube, therefore the ratio was not standardized. It is unlikely, however, that this can serve as explanation.

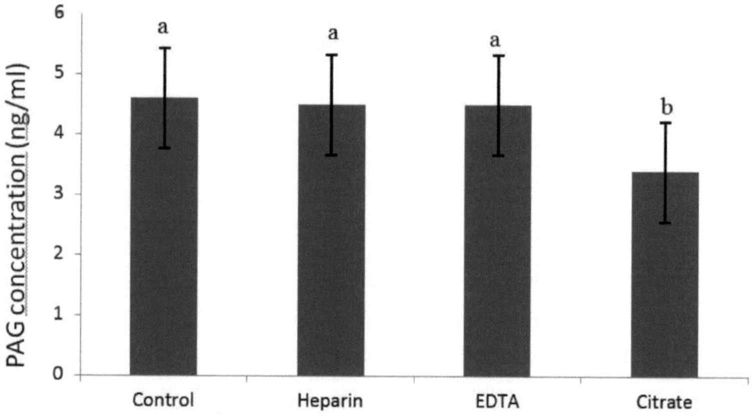

Figure 3. Effect of anticoagulants on PAG determination in whole blood of cows 55 to 92d pregnant (means ± SE; a,b: $P < 0.01$) (Experiment 5).

Experiment 6: Effect of long-term storage of blood at chilling temperature

In blood samples contained in heparin or EDTA containing test tubes that were left in the refrigerator for six months (Experiment 6), PAG levels remained unaltered (Table 2). In citrate-containing tubes there was an initial decline by 26% with no further change to speak of; much the same as in Experiment 4.

Table 2. Effect of chilled storage of blood for 6 months and the effect of various anticoagulants (Experiment 6).

Anticoagulants	n	Fresh		After storage	
		Mean	SE	Mean	SE
None (Control)	11	4.6^b	0.82	3.2^a	0.83
Heparin	11	4.5^b	0.82	4.7^b	0.84
EDTA	11	4.5^b	0.82	4.2^b	0.83
Citrate	11	3.4^a	0.83	3.0^a	0.83

Note. ^{ab} Different superscripts indicate differences between fresh and stored samples as well as between anti-coagulants ($P < 0.05$).

This reflects the amazing stability of the PAG molecule, especially in view of the fact that, after 6 months, the serum had assumed a mucilaginous consistency making for difficult handling and pipetting. In test tubes without anticoagulant, PAG values were reduced by 30% from 4.6 ± 0.8 to 3.2 ± 0.83 ng/ml ($P < 0.01$). This does not appear surprising, as chilling temperature will decelerate (Tasker, 1978; Halwachs-Baumann, 2011) but not completely prevent decomposition. Anticoagulants, thus, exert preservative action. This is nowhere explicitly reported, however, it is known that EDTA acts as powerful antioxidant and Guder et al. (2002) state that anticoagulants have the purpose of preventing clotting and also ensuring maintenance of the original state. Wardrop (1995) also points out that anticoagulants are effective in preventing changes associated with storage.

Experiment 7: Effect of strain to blood cells

The effect of physical strain to blood cells on PAG measurements, such as by vigorous shaking, freezing without cryoprotectant and osmotic strain was put to the test in Experiment 7. It is generally recommended to handle blood samples gently, swivel rather than shake them to avoid layering of proteins and electrolytes (Minuth, 2003; Kraft, 2005; Bruhn, 2011) and avoid agitation during transportation (Stankovic, 2004). However, PAG measurements after ten minutes of vortexing at maximum intensity were unaffected (Figure 4) although hemolysis was evident. Freezing, on the other hand, resulted in a reduction in PAG measurements by 44% (P < 0.01), even more than in Experiment 2, and dilution with distilled water brought about substantial distortion.

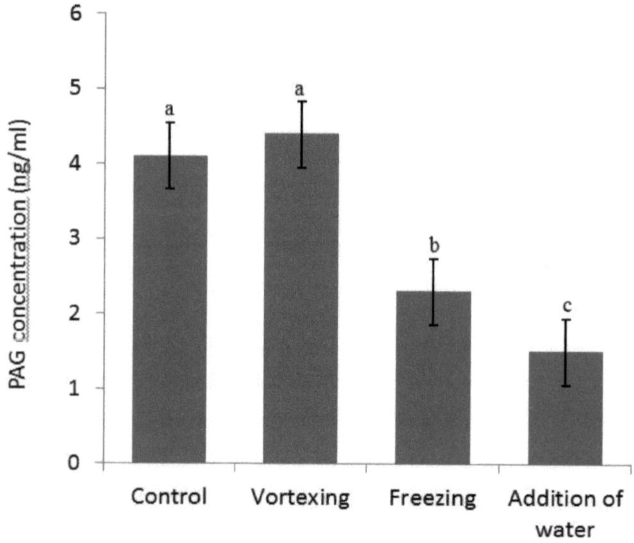

Figure 4. Effect of treatments expected to damage blood cells on the outcome of PAG measurements in whole blood from cows 97 to 133 days pregnant (means ± SE; a,b: P < 0.01) (Experiment 7).

Based on a dilution rate of 1:1 a reduction by 50% would have been expected; in actuality the value was reduced by 65% (P < 0.01). Blood samples contaminated with water, therefore, should be discarded and replaced by new ones.

3.5 Conclusions

From the results of the present investigation it may be concluded that, to obtain reliable PAG measurements, contamination of samples with water must be avoided. Freezing of whole blood or blood serum and the use of citrate-containing collecting tubes will cause a degree of distortion, but not altogether compromise results. High ambient temperature, physical agitation of blood, the use of heparin- or EDTA-containing collecting tubes (exerting a preservative effect) and long-term storage at chilling temperature will not impair the accuracy of measurements. PAGs thus are robust molecules and the test is not particularly prone to interference. It will, therefore, rapidly gain in popularity as a convenient and reliable means of pregnancy detection in cattle.

Acknowledgements

The authors owe thanks to J.F. Beckers from Liège University in Belgium for providing antiserum and tracer for the PAG assay.

3.6 References

Auld, D. S. (1995). Removal and replacement of metal ions in metallopeptidases. *Methods in Enzymology, 248*, 228-242. http://dx.doi.org/10.1016/0076-6879(95)48016-1

Boegh-Soerensen, L. M. (1985). Effects of freezing/thawing on foods. In R. K. Robinson (Ed.), *Microbiology of Frozen Foods* (pp. 41-82). Elsevier Applied Science Publishers, Essex, Great Britain.

Bruhn, H. D. (2011). Haeufige Fehlerursachen. In H. D. Bruhn, V. Hach-Wunderle, C. M. Schambeck & R. E. Scharf (Eds.), *Haemostaseologie fuer die Praxis: Sicher durch den klinischen Alltag*. Schattauer, Stuttgart, Germany.

Farkas, J. (2007). Physical methods of food preservation, freezing and frozen storage. In M. P. Doyle & L. R. Beuchat (Eds.), *Food Microbiology: Fundamentals and Frontiers* (3rd ed., pp. 685-712). ASM Press, Washington DC, USA.

Fontaine, M., Hamelin, N. & Couture, Y. (1987). Stabilité des paramétres sanguins en fonction du temps, des conditions d'entreposage et de transport chez la vache. *Le Médecin vétérinaire du Québec, 17*, 71-77.

Friedrich, M. & Holtz, W. (2004). Establishment of an ELISA to assess PAG-concentrations in blood and milk of dairy cows. *Reproduction Abstract Series, 31*, 21.

Friedrich, M., & Holtz, W. (2010). Establishment of an ELISA for measuring bovine pregnancy-associated glycoprotein in serum or milk and its application for early pregnancy detection. *Reproduction of Domestic Animals, 45*, 142-146. http://dx.doi.org/10.1111/j.1439-0531.2008.01287.x

Green, J. A., Parks, T. E., Avalle, M. P., Telugu, B. P., Mclain, A. L., Peterson, ... Roberts, R. M. (2005). The establishment of an ELISA for the detection of pregnancy-associated glycoproteins (PAGs) in serum of pregnant cows and heifers. *Theriogenology, 63*, 1481-1503. http://dx.doi.org/10.1016/j.theriogenology.2004.07.011.

Guder, W. G., Ehret, W., Fonseca-Wollheim, F., Heil, W., Mueller-Plathe, O., Schmitt, Y., ... Zawta, B. (2002). Die Qualitaet diagnostischer Proben. *Journal of Laboratory Clinical Medicine, 26*, 267-283.

Halwachs-Baumann, G. (2011). *Stoerfaktoren in Labormedizin-Klinik-Praxis-Fallbeispiele* (2nd ed.). Springer Publishers, Vienna and New York.

Heiss, R. & Eichner, K. (1995). Tiefgefrieren von Lebensmitteln. Einfrieren, Grundlagen. In R. Heiss & K. Eichner (Eds.), *Haltbarmachen von Lebensmitteln. Chemische, physikalische und mikrobiologische Grundlagen der Verfahren* (3rd ed., pp. 156-164). Springer, Berlin, Germany. http://dx.doi.org/10.1007/978-3-662-07664-4_7

Hughes, A. L., Green, J. A., Garbayo, J. M. & Roberts, R. M. (2000). Adaptive diversification within a large family of recently duplicated, placentally expressed genes. *National Academy of Sciences, 49*, 3319-3323. http://dx.doi.org/10.1073/pnas.97.7.3319

Klisch, K., De Sousa, N. M., Beckers, J. F., Leiser, R. & Pich, A. (2005). Pregnancy associated glycoprotein-1, -6, -7, and -17 are major products of bovine binucleate trophoblast giant cells at midpregnancy. *Moecular Reproduction and Development, 71*, 453-460. http://dx.doi.org/10.1002/mrd.20296

Kraft, W. (2005). Fehlermoeglichkeiten. In W. Kraft & M. Duerr (Eds.), *Klinische Labordiagnostik in der Tiermedizin* (pp. 18-34). Schattauer, Stuttgart, Germany.

Lippi, G., Becan-McBride, K., Behúlová, D., Bowen, R. A., Church, S., Delanghe, J.,Simondic, A.-M. (2013). Preanalytical quality improvement: In quality we trust. *Clinical and Chemical Laboratory Medicine, 51*, 229-241. http://dx.doi.org/10.1515/cclm-2012-0597

Minuth, W. W. (2003). Serumgewinnung. In W. Minuth, R. Strehl & K. Schumacher (Eds.), *Zukunftstechnologie Tissue Engineering* (p. 95). Wiley-VCH Verlag, Weinheim, Germany. http://dx.doi.org/10.1002/3527603069

Mollison, P. L. (1989). Further observations on the patterns of clearance of incompatible red cells. *Transfusions, 29*, 347-354. http://dx.doi.org/10.1046/j.1537-2995.1989.29489242803.x

Privalov, P. L. (1990). Cold denaturation of proteins. *Biochemistry and Molecular Biology, 25*, 281-306. http://dx.doi.org/10.3109/10409239009090612

Sasser, R. G., Ruder, C. A., Ivani, K. A., Butler, J. E. & Hamilton, W. C. (1986). Detection of pregnancy by radioimmunoassay of a novel pregnancy-specific protein in serum of cows and a profile of serum concentrations during gestation. *Biology of Reproduction, 35*, 936-942. http://dx.doi.org/10.1095/biolreprod35.4.936

Scheiffarth, F., Goetz, H. & Cerny, R. (1965). Zur Frage der Gefrierdenaturierung von Serumproteinen. *Zeitschrift fuer Klinische Chemie, 3*, 81-84.

Seelig, H.-P., Koch, A., Muller, E., Schurek, J. O., Seelig, C. A. & Stauch, T. (2008). Verarbeitung und Lagerung von Blutproben. *Praeanalytik* (3rd ed., pp. 103-109). Alexander Thielbeer Druckerei & Verlag, Ettlingen, Germany.

Sonntag, O. (2009). Praeanalytik und ihr Einfluss auf die Analytik. Retrieved from http://www.oequasta.at/download/veranstaltungen/ppt/2009_Linz_Sonntag.pdf

Stahmann, F., Gauly, M., Holtz, W. & Koenig von Borstel, U. (2013). A note on the correction for the effect of freezing on the outcome of pregnancy-associated glycoprotein measurement in blood and serum of cows. *Journal of Dairy Science, 96*, 6520-6524. http://dx.doi.org/10.3168/jds.2013-6734

Stankovic, A. K. (2004). The laboratory is a key partner in assuring patient safety. *Clinics in Laboratory Medicine, 24*, 1023-1035. http://dx.doi.org/10.1016/j.cll.2004.05.017

Tasker, J. B. (1978). Studies on the use of coulter chemistry in the veterinary laboratory. *Cornell Veterinarian, 68*, 480-505.

Wardrop, K. J. (1995). Selection of anticoagulant-preservatives for canine and feline blood storage. Veterinary Clinics of North America: Small Animal Practice, 25, 1263-1276. http://dx.doi.org/10.1016/S0195-5616(95)50153-6

Wittwer, F., Boehmwald, H. & Klaasen, R. (1986). Efecto del tiempo, temperatura de conservacion y del anticoagulante (EDTA/NaF) en muestras para perfiles metabolicos. Archivos de Medicina Veterinaria, 18, 43-51.

Zoli, A. P., Beckers, J. F., Wouters-Ballman, P., Closset, J., Falmagne, P. & Ectors, F. (1991). Purification and characterization of bovine pregnancy-associated glycoprotein. Biology of Reproduction, 45, 1-10. http://dx.doi.org/10.1095/biolreprod45.1.1

Zoli, A. P., Guilbault, L. A., Delhaupt, P., Benitez Ortiz, W. & Beckers, J. F. (1992). Radioimmunoassay of a bovine pregnancy-associated glycoprotein in serum. Its application for pregnancy diagnosis. Biology of Reproduction, 46, 83-92. http://dx.doi.org/10.1095/biolreprod46.1.83

KAPITEL 4

A note on the correction for the effect of freezing on the outcome of pregnancy-associated glycoprotein measurement in blood and serum of cows

Published in Journal of Dairy Science

Vol. 96 No. 10, 2013:

6520–6524

A note on the correction for the effect of freezing on the outcome of pregnancy-associated glycoprotein measurement in blood and serum of cows

Friederike Stahmann, Matthias Gauly, Wolfgang Holtz, Uta König von Borstel

Department of Animal Science, Georg-August-University Goettingen, Goettingen, Germany

4.1 Abstract

Early pregnancy detection is a measure of considerable economic relevance for dairy cattle breeders, and analysis of pregnancy-associated glycoprotein (PAG) values in blood is one of the methods implemented in practice. Starting from d 30 postconception, cows are considered to be pregnant at PAG levels of 2.0 ng of PAG/mL of blood and higher. However, little is known about preanalytic sources of errors that might affect PAG values. Based on blood samples from 65 dairy cows, the present study showed that freezing of samples, such as may be the case during shipping in wintertime, will lower PAG values considerably. Therefore, a Bland-Altman analysis was used to derive a correction factor. Overall, the mean differences (± standard deviation) between frozen and respective fresh samples was −5.5 ± 7.4 ng of PAG/mL of blood and 0.9 ± 6.1 ng of PAG/mL of serum. However, the Bland-Altman plot revealed a concentration-dependent effect of freezing on PAG values with higher variability and larger declines at higher PAG levels. Therefore, to minimize chances of false-negative results, different correction factors are suggested for different levels of PAG (e.g., based on the upper bound of the 95% confidence interval 0.67 for PAG levels between 2.0 and 3.9 ng of PAG/mL and 0.25 for PAG levels between 4.0 and 7.9 ng of PAG/mL). With these concentration-dependent correction factors, implementation into practice will be possible. The accuracy is adequate because no quantitative information but qualitative results (pregnant vs. nonpregnant) are required. However, due to larger chances of false-negative results, the application of the correction factor should only be a last resort if temperature exposure of a sample is unknown.

Key words: dairy cow, pregnancy test, pregnancy associated glycoprotein, sample freezing

4.2 Short Communication

Pregnancy diagnosis is an essential component of effective reproductive management, in particular in the dairy industry. During the last 30 yr, with increasing levels of milk production, conception rates have gradually deteriorated. Each day delay until establishment of pregnancy causes a loss of up to \$3.21 to \$5.13 (Hoedemaker et al., 2007; Lührmann, 2011). In cows, pregnancy is most commonly diagnosed by rectal palpation with or without the support of ultrasonography, occasionally with the aid of the milk progesterone test and, to a gradually increasing degree, determination of pregnancy-associated glycoproteins (PAG) in blood. Pregnancy-associated glycoproteins are produced in the placenta of pregnant cows (Zoli et al., 1991; Hughes et al., 2000) and may be measured in maternal blood by way of RIA (Sasser et al., 1986; Zoli et al., 1992) or ELISA using monoclonal (Green et al., 2005) or polyclonal antibodies (Friedrich and Holtz, 2004, 2010). Under normal conditions, from d 28 of pregnancy onward, PAG levels exceed 2.0 ng/mL, and the reliability of pregnancy diagnosis at that stage approaches 94% (Friedrich and Holtz, 2010). In some cases, residual PAG from the previous pregnancy may interfere (Zoli et al., 1992). Little information is available concerning sources of error that might compromise the reliability of the test. From collection to analysis, blood samples are exposed to a period of storage on farm, shipment to the laboratory, and another period of storage and handling at the laboratory. In the course of these events, samples might have been deliberately for storage purposes or accidentally exposed to freezing temperatures. Recent studies (Stahmann et al., 2012) indicate that ambient temperature during storage and shipping may affect the outcome of the test. Therefore, the present investigation addresses the effect of freezing on the result of the PAG test and constitutes an attempt to devise a correction factor that may be applied if blood samples are known to have been frozen.

Blood samples from 65 clinically sound, 3- to 28-wk pregnant Holstein-Friesian and Brown Swiss cows of a commercial dairy herd were collected for the present study. The sampling was one in a single day by 1 person. All procedures were in accordance with national animal welfare regulations. The 3-mL blood samples were drawn by venipuncture from the vena epigastrica cranialis superficialis. From each cow, 3 samples of 3 mL each were collected into 5-mL plastic tubes (Sarstedt AG & Co., Nümbrecht, Germany) and stored on crushed ice for 2 h. Thereafter, 2 of the samples were centrifuged at 3,000 × g for 10 min. The serum of one of them was analyzed for PAG content immediately. The other one and the sample that had not been centrifuged were stored for 2 wk at −20°C before they were analyzed as well. The ELISA used for PAG determination was described in detail by Friedrich and Holtz (2010). All analyzes were pipetted twice in triple repetition. Interassay and intraassay coefficients of variation at 0.8 ng/mL were 16 and 13% for serum, respectively (Friedrich and Holtz, 2010).

As PAG values did not follow a normal distribution, data were log-transformed to achieve a near-normal distribution. Both transformed (derivation of significance values) and untransformed data (derivation of means and standard errors) were analyzed using the following mixed model (PROC MIXED; SAS version 9.2; SAS Institute Inc., Cary, NC) to assess the influence of freezing on PAG values in blood and serum:

$$y = \mu + \text{treatment} + \text{plate} + \text{animal} + e,$$

where y represents the mean PAG value as provided by the Magellan software (Tecan Group Ltd., Männedorf, Germany), μ represents the overall mean, treatment represents the storage temperature of the sample (room temperature or freezing at −20°C), plate represents a blocking factor of the analysis, animal represents the random animal effect accounting for repeated observations per animal, and e represents the random error.

In addition, to obtain 95% confidence intervals and to visualize the potential for individual variation in values before and after freezing, a Bland-Altman analysis (Bland und Altman, 1986) was used. The Bland-Altman plot visualizes the effect of low-temperature freezing on PAG levels by plotting the mean of data pairs (PAG level of a sample before and after freezing) against the corresponding difference (PAG level after freezing − PAG level before freezing) of each data pair. In contrast to the widely used correlation coefficients that indicate the degree of a linear relationship between 2 variables (Grouven et al., 2007), the Bland-Altman method describes the degree of agreement between 2 groups of measurements. When investigating the accuracy of a given method, the Bland-Altman plot is thus a more suitable method compared with correlation coefficients.

Storage temperature affected PAG values in both blood and serum, with PAG levels decreasing significantly ($P \leq 0.05$) after freezing (Figure 1). However, the decrease in PAG levels appeared to be concentration dependent (Figures 2A and 2B). In the present study, the Bland-Altman plot revealed a nonlinear relationship between the 2 treatment methods. Although at very low initial PAG levels, the levels tended to increase after freezing, PAG levels showed a decline after freezing at higher initial levels, and this decline tended to be more pronounced the higher these initial levels were.

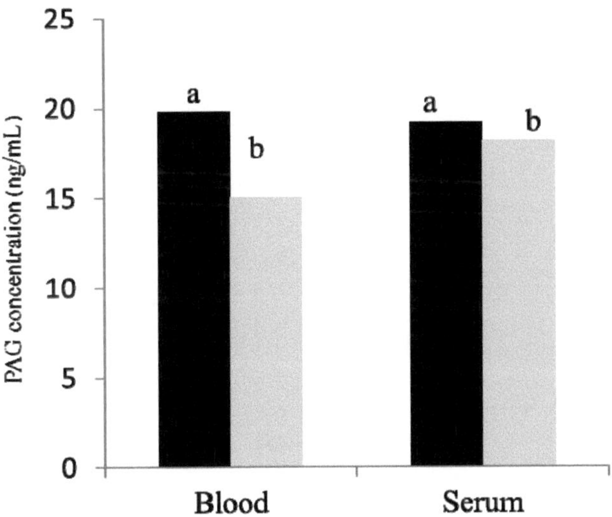

Figure 1. Mean pregnancy-associated glycoprotein (PAG) levels (ng of PAG/mL of blood) in cows' blood (n = 65) and serum (n =62) before (black bars) and after freezing (white bars). Different letters (a and b) indicate statistically significant differences at $P < 0.05$. Presented means are derived from untransformed data.

This inconsistent behavior of PAG values suggests differential effects of freezing, such as alteration of PAG molecules (leading to decreased PAG concentrations) and sublimation of water (leading to increased PAG concentrations in the remaining sample). Such errors caused by storage conditions are common under practical conditions and have frequently been described (Kroll und Elin, 1994; Kraft, 2005; Lippi et al., 2006).

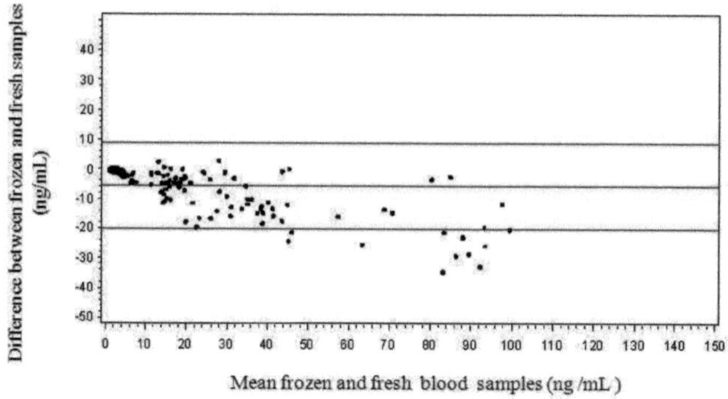

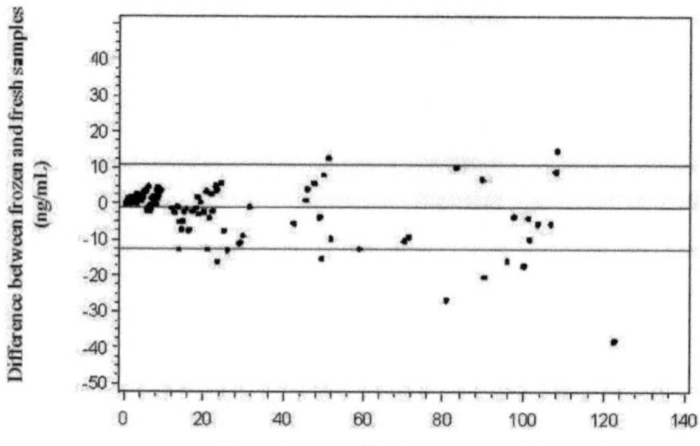

Figure 2. Bland-Altman plot depicting the average of each data pair (panel A: frozen and fresh blood sample; panel B: frozen serum and fresh blood sample) plotted against the respective differences of each data pair (frozen sample − fresh sample) as well as the overall mean difference (middle line) and upper and lower bound of the 95% confidence intervals for the difference (upper and lower lines).

In addition to the individual data pairs, Figure 2A (blood) and Figure 2B (serum) show the mean difference and 95% confidence interval of the differences between PAG values in frozen and fresh samples. For blood, the mean (±SD) difference was −5.5 ± 7.4 ng of PAG/mL, with a 95% confidence interval of 8.9 to −20.0. Therefore, to obtain a value that represents with 95% certainty the lower bound of the true PAG value in a blood sample that potentially was frozen during transport, a value of 8.9 would have to be subtracted from the measured value. With serum, the situation was similar, with a mean difference in PAG values of fresh and frozen samples of −0.9 ± 6.1 ng of PAG/mL and the 95% confidence interval ranging from 10.9 to −12.8.

Clearly, the high mean differences as well as the large confidence intervals are unacceptable for routine pregnancy detection in practice. For example, a sample containing 6 ng of PAG/mL of blood would clearly indicate that the sampled cow is pregnant. However, if it were uncertain whether the sample was frozen during shipping and the correction factor of 8.9 were subtracted, a negative value would result, and the cow would falsely be identified as nonpregnant, if the sample never was frozen. Even the use of a less-stringent correction factor such as the subtraction of the mean difference plus 1 standard deviation, which would provide the lower bound for 68.2% of the true (control) values, would result in samples with concentrations below 3.9 ng of PAG/mL in false-negative results {e.g., 3.8 (original value after potential freezing) − [−5.5 (mean) + 7.4 (SD)] = 1.9}.

Therefore, a universal correction factor appears to be too inaccurate for practical purposes. Instead, the concentration dependence should be taken into account and different correction factors applied, depending on the level of PAG in the sample. Hence, data for both blood and serum (Table 1) were each assigned to 6 groups depending on the initial PAG level, and mean differences as well as 95% confidence intervals were calculated for each group separately.

Using the upper bound of the 95% confidence interval as a correction factor as presented in Table 1, reliable claims regarding the pregnancy status can be made starting from PAG values of 2.7 ng of PAG/mL. At lower concentrations, in most cases, application of the respective correction factor will yield a value below the threshold of 2.0 ng/mL. Thus, pregnancy could not be attested without doubt at these lower levels, if the possibility of freezing of the samples could not be ruled out. A false-negative result possibly has the consequence that cows are subjected to hormone-assisted heat induction for repeat breeding, which, however, would result in abortion/resorption of the existing embryo. To be on the safe side, it would be advisable to classify these animals as "doubtful" and recommend having another sample analyzed 1 wk later. Alternatively, we recommend ensuring frost-protected shipping of samples (e.g., via use of special packaging material; for example, envelopes insulated with air cushioning for sending diagnostic material at room temperature).

Table 1. Mean differences (diff.) ± SD (ng of PAG/mL) between frozen and fresh samples and lower (Lbound) and upper bound (Ubound) of the 95% confidence intervals for groups based on different PAG levels in frozen blood/serum.

	Group (ng/mL)	meandiff	SD	lbound	ubound
Blood	0.4-1.9	0.64	0.49	-0.33	1.61
	2.0-3.9	1.28	0.99	-0.67	3.23
	4.0-7.9	2.78	1.55	-0.25	5.80
	8.0-15.9	6.52	5.19	-3.65	16.69
	16.0-31.9	7.73	6.05	-4.12	19.58
	32.0-63.9	14.18	7.30	-0.13	28.47
	64.0-127.9	21.02	10.47	0.50	41.54
Serum					
	0.4-1.9	-0.33	0.33	-0.98	0.32
	2.0-3.9	-0.89	0.54	-1.94	0.17
	4.0-7.9	-0.25	2.76	-5.66	5.16
	8.0-15.9	0.56	5.03	-9.30	10.41
	16.0-31.9	2.32	5.65	-8.76	13.40
	32.0-63.9	1.51	9.35	-16.82	19.84
	64.0-127.9	7.86	14.06	-19.70	35.42

For serum, the situation is slightly different compared with blood. Freezing resulted in increased PAG levels at concentrations of less than 8.0 ng of PAG/mL, which is likely a result of sublimation. Therefore, false-negative results are unlikely, but at concentrations below 2.0 ng of PAG/mL this effect could potentially result in false-positive diagnoses after application of the correction factor. Therefore, the same procedures, including repeat testing and (or) frost-protected shipping, as suggested for blood, apply to serum samples to ensure correct diagnoses.

The present work showed that freezing of bovine blood and serum samples before analysis considerably affects PAG levels. These findings are of importance to practice, as samples for pregnancy detection might accidentally freeze during shipping in the wintertime. Furthermore, in some situations, it might be desirable to determine the PAG content in samples that have been cryopreserved. Correction factors, as proposed in the present study, therefore have their merit, provided that certainty exists that samples have been subjected to freezing. For this reason, a correction factor was developed to reduce the chances of false-positive diagnoses. However, due to concentration-dependent effects of freezing on PAG levels, different correction factors are suggested for different levels of PAG. For levels less than 2.7 ng of PAG/mL of blood, no reliable diagnosis can be given if the sample was potentially exposed to freezing. For economic as well as animal welfare reasons, in these cases, a second sample, which was not subjected to temperatures below freezing, should be drawn in the case of doubt, and insulating packaging material used to ensure that samples are not exposed to temperatures below zero. It might well be that the correction factors generated in the present study are applicable only under conditions prevailing in our laboratory rather than being universally applicable. If this turns out to be the case, each laboratory would be well advised to calculate their own set of correction factors to be able to deal with samples that have been exposed to freezing temperatures.

4.3 References

Bland, J. M., D. G. Altman. 1986. Statistical methods for assessing agreement between two methods of clinical measurement. Lancet i:307–310.

Friedrich, M., W. Holtz. 2004. Establishment of an ELISA to assess PAG-concentrations in blood and milk of dairy cows. Reprod. Abstr. Ser. 31:21.

Friedrich, M., W. Holtz. 2010. Establishment of an ELISA for measuring bovine pregnancy-associated glycoprotein in serum or milk and its application for early pregnancy detection. Reprod. Domest. Anim. 45:142–146.

Green, J. A., T. E. Parks, M. P. Avalle, B. P. Telugu, A. L. McLain, A. J. Perterson, W. McMillan, N. Mathialagan, R. R. Hook, S. Xie, and R. M. Roberts. 2005. The establishment of an ELISA for the detection of pregnancy-associated glycoproteins (PAGs) in the serum of pregnant cows and heifers. Theriogenology 63:1481–1503.

Grouven, U., R. Bender, A. Ziegler, and S. Lange. 2007. Vergleich von Messmethoden. Dtsch. Med. Wochenschr. 132:e69–e73.

Hoedemaker, M., R. Mansfeld, and A. de Kruif. 2007: Kennzahlen zur Beurteilung der Fruchtbarkeit. Pages 31–32 in Tierärztliche Bestandsbetreuung beim Milchrind. 2nd ed. A. de Kruif, R. Mansfeld, and M. Hoedemaker, ed. Enke Verlag, Stuttgart, Germany.

Hughes, A. L., J. A. Green, J. M. Garbayo, and R. M. Roberts. 2000. Adaptive diversification within a large family of recently duplicated, placentally expressed genes. Proc. Natl. Acad. Sci. USA 49:3319–3323.

Kraft, W. 2005. Fehlermöglichkeiten. Pages 33–34 in Klinische Labordiagnostik in der Tiermedizin. 6th ed. W. Kraft and U. M. Dürr, ed. Schattauer GmbH, Stuttgart, Germany.

Kroll, M. H., and R. J. Elin. 1994. Interference with clinical laboratory analyses. Clin. Chem. 40:1996–2005.

Lippi, G., G. C. Guidi, C. Mattiuzzi, and M. Plebani. 2006. Preanalytical variability: The dark side of the moon in laboratory testing. Clin. Chem. Lab. Med. 44:358–365.

Lührmann, B. 2011. Fruchtbarkeit—Rechnet sich das? In 29th Scientific Symposium, Güstrow, Germany. Landeskontrollverband für Leistungs- und Qualitätsprüfung, Mecklenburg-Vorpommern e.V., Güstrow, Germany.

Sasser, R. G., C. A. Ruder, K. A. Ivani, J. E. Butler, and W. C. Hamilton. 1986. Detection of pregnancy by radioimmunoassay of a novel pregnancy-specific protein in serum of cows and a profile of serum concentrations during gestation. Biol. Reprod. 35:936–942.

Stahmann, F., Gauly, M., Holtz, W. 2012. Potentielle präanalytische Fehlerquellen beim PAG- Trächtigkeitstest. Page D22 in Scientific Symposium of the German Society for Animal Breeding (DGfZ) 2012. University of Halle-Wittenberg, Halle, Germany.

Zoli, A. P., J.-F. Beckers, P. Wouters-Ballman, J. Closset, P. Falmagne, and F. Ectors. 1991. Purification and characterization of bovine pregnancy-associated glycoprotein. Biol. Reprod. 45:1–10.

Zoli, A. P., L. A. Guilbault, P. Delahaut, W. Benitez Ortiz, and J.-F. Beckers. 1992. Radioimmunoassay of a bovine pregnancy-associated glycoprotein in serum: Its application for pregnancy diagnosis. Biol. Reprod. 46:83–92.

KAPITEL 5

Potentielle Anpassung der Referenzbereiche der Trächtigkeitsdiagnose mittels PAG-ELISA-Test aufgrund der Analyse von Abkalbedaten

Potentielle Anpassung der Referenzbereiche der Trächtigkeitsdiagnose mittels PAG-ELISA-Test aufgrund der Analyse von Abkalbedaten

Friederike Stahmann, Matthias Gauly, Wolfgang Holtz, Uta König von Borstel

Abteilung Produktionssysteme der Nutztiere, Department für Nutztierwissenschaften, Georg-August-Universität, 37075 Göttingen, Deutschland

5.1 Abstract

In diesem Versuch stand die Frage im Vordergrund, ob und wie Referenzbereiche und damit einhergehende Aussagen zur Trächtigkeit beim PAG-ELISA-Test in der postanalytischen Phase der Labordiagnostik angepasst werden können. Es gingen Daten von 1870 Milchkühen und -färsen ein. Blutproben dieser Tiere wurden zwischen 2006 und 2012 im Hormonlabor in Göttingen mittels PAG-ELISA-Tests analysiert. Kalbedaten, die Anzahl der Kalbungen und das Geschlecht der Kälber dieser Tiere wurden erhoben und ausgewertet. Anhand dieser Daten wurde retrospektiv auf das Vorliegen einer Trächtigkeit zum Zeitpunkt der PAG-Probennahme geschlossen. Basierend auf der nach Kälbergeschlecht getrennt errechneten Tragedauer erfolgte eine Überprüfung der Verteilung der verschiedenen Trächtigkeitskategorien. Diese Kategorien waren: „tragend“ für ♂: 270-290 d; für ♀: 269-287 d (x ± 2 SD), „eher tragend“ für ♂: 265-269 d und 291-295; für ♀: 265-268 d und 287-291 d (≥ 2 SD und < 3 SD), „nicht tragend“ für ♂: > 295 d; für ♀: > 291 (≥ 3 SD), „unbekannt“ (z.B. bei fehlender Angabe des Kalbedatums). Nach Zusammenlegung nicht signifikant ($\chi 2$: P>0,1) unterschiedlicher PAG-Konzentrationsgruppen (z.B. nicht signifikant: 0,4 vs. 0,5 vs. 0,6 oder 1,3 vs.1,4 vs. 1,5 ng/ ml Blut) zu PAG-Konzentrationskomplexen (z.B. 0,4-0,89 oder 1,3-1,59) konnte gezeigt werden, dass eine Verschiebung aller Referenzbereiche für den Routinebetrieb des PAG-ELISA-Trächtigkeitstest angemessen wäre. So unterscheidet sich zum Beispiel der Anteil der zum Probenzeitpunkt tragenden und später tatsächlich nach normaler Trächtigkeitsdauer abgekalbten Kühe bei den PAG-Konzentrationskomplexen 1,6 bis 1,9 ng/ml Blut nicht signifikant von dem Anteil der tatsächlich abgekalbten Kühe bei PAG-Konzentrationen über 2,0 ng/ml Blut ($\chi 2$: 6,7, P=0,081). Basierend auf diesen Analysen ergaben sich insgesamt folgende neue Referenzbereiche und damit verbundene Trächtigkeitsdiagnoseeinstufungen:

- ++ für PAG-Werte ≥ 1,60 ng/ml Blut für die Diagnose „tragend“,
- +? für PAG-Werte zwischen 1,30-1,59 ng/ml Blut für die Diagnose „eher tragend“,
- -? für PAG-Werte zwischen 0,9-1,29 ng/ml Blut für die Diagnose „eher nicht tragend“ sowie
- -- für PAG-Werten ≤ 0,9 ng/ml Blut für die Diagnose „nicht tragend“.

Die Anzahl der Kälber im Mutterleib scheint tendenziell (P=0,0857) im untersuchten Trächtigkeitszeitraum (x=56,6 d) keinen Einfluss auf den gemessenen PAG-Wert zu haben. Bei Einlingsträchtigkeiten lag der Mittelwert bei den Analysetieren bei 1,59 ng ± SE 0,09 PAG/ml Blut, bei Zwillingsträchtigkeiten lag er bei 1,96 ± SE 0,23 PAG/ml Blut). Auch das Kälbergeschlecht hatte keinen Einfluss auf die Höhe des gemessenen PAG-Wertes (P≥ 0,146). Es spielt ebenfalls keine Rolle, ob es sich um ein primi- oder multipares Tier handelte (P=0,35). Einen hoch signifikanten Einfluss auf den PAG-Wert hatte dagegen das Analysejahr (P ≤ 0,0001). Somit konnte die vorliegende Untersuchung zeigen, dass eine Verschiebung der Referenzbereiche und der damit verbundenen Trächtigkeitsdiagnosen möglich und sinnvoll erscheint. Durch die zusätzliche Berücksichtigung weiterer Einflussfaktoren wie die des Jahres, könnten diese Referenzbereiche u.U. in Zukunft noch exakter angepasst werden.

5.2 Einleitung

Die Fruchtbarkeit einer Milchviehherde gehört zu den entscheidenden Faktoren, die die Wirtschaftlichkeit des Betriebes beeinflussen. Eine wichtige Managementhilfe zur Optimierung der Fruchtbarkeit ist die Trächtigkeitsuntersuchung (van der Wejden und Taverne, 1999). Sie ermöglicht eine frühzeitige Information zum Trächtigkeitsstand der Tiere. Neben der Rektalkontrolle und der Ultraschalluntersuchungen wird in der Praxis auch der PAG-Labortest zur Trächtigkeitsdiagnose eingesetzt.

Die Placenta des Rindes bildet schon wenige Tage nach Beginn der Trächtigkeit eine Gruppe spezifischer Proteine (Zoli et al., 1991; Hughes et al., 2000). Dazu gehören das pregnancy-specific protein B (PSPA) (Sasser et al., 1986), das pregnancy associated glycoprotein (PAG) (Zoli et al., 1992) und das pregnancy serum protein

(PSP60) (Mialon et al., 1994). Nachgewiesen werden können diese Proteine mit Hilfe eines Radioimmunoassays (RIA) (Sasser et al., 1986; Zoli et al., 1992) oder eines Enzym-Linked-Immunosorban-Assay (ELISA) unter Nutzung monogonaler (Green et al., 2005) oder polygonaler Antikörper im maternalen Blut (Friedrich und Holtz, 2004, 2010). Friedrich und Holtz etablierten 2006 den PAG-ELISA am Department für Nutztierwissenschaften der Georg-August-Universität Göttingen (Friedrich und Holtz, 2010). Eine sichere Auskunft über den Trächtigkeitsstatus des Tieres kann ab dem 30. Tag p.c. geben werden. Die Genauigkeit des PAG-Trächtigkeitstests liegt in Abhängigkeit des Untersuchungszeitpunktes zwischen 94 % ab dem 30. Tag p.c. und 99 % ab dem 40. Tag p.c. (Friedrich und Holtz, 2010). Als Kontrolle für die Genauigkeit des Tests dienten Ultraschalluntersuchungen, rektale Palpationen oder die Bestimmung einer zweiten PAG-Probe.

Beim polygonalen PAG-ELISA-Test werden die Proben nach der Analyse in der postanalytischen Phase der Labordiagnostik in vier Referenzbereiche eingeteilt. Diese ermöglichen, die gemessenen Werte einzuordnen. Anhand dieser Klassifizierungen ist es Tierärzten oder Praktikern möglich, den Trächtigkeitstand eines Tieres zu beurteilen.

Der zu jedem klinisch-chemischen Analyten gehörende Referenzbereich nimmt nach Sprenger und Arndt (2009) eine zentrale Stellung bei der „Umwandlung" eines analytischen Messergebnisses in einen medizinischen Befund ein. Von allen Laborfehlern fallen 9 bis 47 % in die postanalytische Phase (Halwachs-Baumann, 2011; Schlebusch, 2008). Qualitätskontrollmaßnahmen im klinisch-chemischen Labor besitzen daher einen ausgesprochen hohen Stellenwert (Hallbach, 2006; Dörner, 2013; Greiner, 2003). Die Überprüfung und gegebenenfalls die Anpassung der Klassifizierung anhand der derzeit gültigen Referenzbereiche beim PAG-ELISA-Test ist daher angezeigt, um Fehler zu minimieren. Eine Anpassung der Referenzbereiche aufgrund tatsächlicher Abkalbungen als finaler Trächtigkeitsbeweis wurde bisher noch nicht durchgeführt. Die Ergebnisse von Diagnosetests sind häufig Entscheidungsgrundlagen für Interventionen bei Einzeltieren, wozu kurative oder prophylaktische tierärztliche Tätigkeiten (Greiner, 2003), aber auch des Landwirtes über den Verbleib des Tieres zählen. Die Entscheidungen sind in der Regel mit Kosten (Greiner, 2003) und tierschutzrelevanten Folgen (Ahlers und Heuwieser, 2000) behaftet, woraus sich für Diagnostiktests ein Schadensrisiko ergibt (Greiner, 2003).

5.3 Material und Methoden

Datengrundlage

In die Studie gingen insgesamt 1870 Beobachtungen von 1393 unterschiedlichen Tieren ein. Ein Teil der Tiere (n = 477 Beobachtungen) floss mit wiederholten Beobachtungen in den Datensatz ein, wobei die Proben entweder aus derselben oder unterschiedlichen Serviceperioden stammten. Von den Beobachtungen stammten 1504 von Mehrkalbskühen und 366 von Färsen. Die Blutproben dieser Tiere wurden zwischen 2006 und 2012 im Hormonlabor in Göttingen mit dem PAG-ELISA-Test analysiert. Dabei handelte sich um kommerzielle Routineproben. Sie stammen von Milchviehbetrieben aus dem Bundesland Hessen in Deutschland. Der PAG-ELISA-Test am Hormonlabor wird nach den Details von Friedrich und Holtz (2010) durchgeführt. Inter-und Intra-Assay-Variationskoeffizienten des Tests für Serum betragen 16 % bzw. 13 %. Alle Analysen werden doppelt ausgeführt.

Tabelle 1: Rassenverteilung und Fruchtbarkeit ganzjährig kontrollierter Kühe des Hessischen Verband für Leistungsprüfungen in der Tierzucht e.V. als Mittelwert der Kontrolljahre 2006 bis 2012 (Quelle: HVL-Jahresberichte). n=Anzahl Kühe ZKZ=Zwischenkalbezeit.

Rasse	n	%	ZKZ (d)	Abkalberate (%)
Holstein-Schwarzbunt	59228	66,0	419	83
Holstein-Rotbunt	16268	18,1	415	84
Fleckvieh	8416	9,4	398	89
Rotvieh	693	0,8	406	87
Jersey	146	0,2	407	87
Braunvieh	497	0,6	418	85
Sonstige	4571	5,1	403	87

Die Milchviehbetriebe, die in diese Studie eingingen, unterstehen der Milchleistungsprüfung nach den Bestimmungen der Arbeitsgemeinschaft Deutscher Rinderzüchter und gehören dem Hessischen Verband für Leistungs- und Qualitätsprüfung in der Tierzucht (HVL) an. Um einen Eindruck von Rassenverteilung, Zwischenkalbezeit und Abkalbeergebnissen aller Kühe, die dem HLV angeschlossen sind, zu erhalten sei hier exemplarisch die Rassenverteilung und

Abkalbeergebnisse in diesem Gebiet als Mittelwerte aus den Kontrolljahren 2006 bis 2012 (Tabelle 1) aufgezeigt. Die exakte Rasseverteilung der Kühe in der Stichprobe ist nicht bekannt.

Vor Beginn der Untersuchungen wurde an insgesamt 195 Betriebe ein Gesuch um schriftliche Einverständniserklärung zur Bereitstellung der Daten für die Studie geschickt. Zu Beginn der Untersuchungen lagen von 49 Betrieben (Rücklaufquote: 25 %) die Einverständniserklärungen vor.

Einbezogen in die Studie wurden Daten von Kühen und Färsen:

- von deren Betrieben schriftliche Einverständniserklärungen vorlagen,
- ein eindeutige Betriebsidentifikation möglich war,
- eine Tieridentifikation von Betriebsseite aus angegeben war,
- ein Beprobungsdatum vorlag,
- der gemessene PAG-Wert zwischen 0,4 und 4,99 PAG ng/ml Blut lag,
- deren Proben für die PAG-Analyse mindestens 30 Tage nach der Besamung gezogen wurden und
- über ein Diagnoseergebnis nach der laborspezifischen Referenzbereichen verfügen:
  - ++ für PAG-Werte ≥ 2,0 ng/ml Blut für die Diagnose „tragend“,
  - +? für PAG-Werte zwischen 1,50 und 1,99 ng/ml Blut für die Diagnose „eher tragend“,
  - -? für PAG-Werte zwischen 1,0 und 1,49 ng/ml Blut für die Diagnose „eher nicht tragend“ sowie
  - -- für PAG-Werten ≤ 1,0 ng/ml Blut für die Diagnose „nicht tragend“.

Die Rohdaten (Betriebs- und Tieridentifikation, Datum der vorangegangenen Kalbung (soweit vorhanden), Datum der letzten Besamung, Beprobungsdatum, PAG-Analysewert, Trächtigkeitsdiagnose) wurden vom Hormonlabor in Göttingen bereitgestellt. Die Abkalbedaten, die Kalbenummer und das Geschlecht der Kälber konnten mit Unterstützung des HVL erhoben werden.

Statische Methoden

Die erhobenen Daten wurden zur statistischen Auswertung in Kategorien eingeteilt, die widerspiegeln, ob das Tier zum PAG-Untersuchungszeitpunkt tatsächlich tragend gewesen sein kann. Ausgehend von einer theoretisch-physiologischen Trächtigkeitsdauer von 279 d wurden die erhobenen Daten abgeglichen. In der Annahme, dass Trächtigkeiten mit einer Tragedauer von x ± 2 SD Tagen als biologisch normal zu anzusehen sind und männliche Kälber eine um einen Tag verlängerte Tragezeit aufweisen (Nogalski und Piwczynski, 2012), wurde die Kategorie „tragend" folgendermaßen definiert: Bullenkälber x ± 2 SD (270-290 d); Kuhkälber x ± 2 SD (269-287 d). In die Kategorie „eher tragend" fielen Kühe mit folgenden Trächtigkeitsdauern: ≥ 2 SD und < 3 SD für jeweils Bullenkälber (untere Grenze: 265-269 d; obere Grenze 291-295 d) und Kuhkälber (untere Grenze: 265-268 d; obere Grenze: 287-291 d). Alle Kalbungen, die außerhalb dieser beiden Kategorien (≥ 3 SD) lagen wurden als „nicht tragend" kategorisiert.

In der Kategorie „unbekannt" befinden sich Datensätze von Kühen und Färsen:

- deren Abkalbedaten inklusive der Kalbenummer sowie das Geschlecht des Kalbes sich nicht erheben ließen,
- von denen ein KB-Datum, ein Beprobungsdatum, ein PAG-Wert und ein Diagnoseergebnis bekannt waren, die Tiere jedoch aus dem Betrieb abgegangen waren (Schlachtung oder Verendung) sowie
- von denen ein KB-Datum, ein Beprobungsdatum, ein PAG-Wert und ein Diagnoseergebnis bekannt waren, die Tiere jedoch zur Zucht verkauft wurden, ohne dass sich nachvollziehen ließ, in welchen Betrieb die Färsen wechselten und wann sie abkalbten.

Die oben genannten Mittelwerte und Standardabweichungen der Trächtigkeitsdauer wurden in Anlehnung an eine aktuelle Studie von Nogalski und Piwczynski (2012) gewählt, die Holstein Friesian in unterschiedlichen Haltungs- und Stallsystemen untersuchten. Sie ermittelten eine Trächtigkeitsdauer für Bullenkälber von 279,1 ± SD 4,97 d. Sie unterscheidet sich mit einer Signifikanz von P≤ 0,01 von der der Kuhkälber, deren Trächtigkeitsdauer 278,1 ± SD 4,39 d beträgt.

Die Werte der Einzeltiere wurden zudem in PAG-Konzentrationsgruppen zusammengefasst. Dazu wurden für den Bereich 0,40 – 2,99 ng PAG/ml Blut 26

PAG-Wertegruppen gebildet, die jeweils einen Bereich von 0,1 ng/ml Blut umfassten (z.B. PAG-Konzentrationsgruppe 0,4 umfasste PAG-Niveau zwischen 0,40 und 0,49 ng/ml Blut/ml). Für den Bereich von 3,0 bis 4,99 ng PAG/ml wurden zwei weitere Konzentrationsgruppen gebildet, die jedoch jeweils einen Bereich von 1,0 ng PAG/ml Blut umfassten (d.h. PAG-Konzentrationsgruppe 3,0 umfasste das PAG-Niveau 3,0 bis 3,99 ng/ml Blut und die PAG-Konzentrationsgruppe 4,0 das PAG-Niveau 4,0 bis 4,99 ng/ml).

Basierend auf dieser Einteilung wurden für jede einzelne PAG-Konzentrationsgruppe die Häufigkeiten der Kühe nach den oben beschriebenen vier Trächtigkeitsstatus-Kategorien eingeteilt. Anschließend wurde mittels χ^2-Test (SAS Version 9.2; SAS Institute Inc., Cary, NC) untersucht, welche dieser einzelnen Konzentrationsgruppen sich signifikant bezüglich der Häufigkeitsverteilung in den Trächtigkeitsstatuskategorien voneinander unterscheiden. Basierend auf diesen einzelnen Konzentrationsgruppenvergleichen wurden einzelne Konzentrationsgruppen jeweils zu einem größeren Konzentrationsbereich (im Folgenden Konzentrationskomplex genannt) zusammengefasst. Anschließend wurden die Häufigkeitsverteilungen dieser Konzentrationskomplexe miteinander ebenfalls mittels χ^2-Tests verglichen.

Zusätzlich wurde in umgekehrter Betrachtungsweise mittels gemischt linearem Modell der Einfluss verschiedener Faktoren (Trächtigkeitsstatuskategorie, Altersklasse (Färse vs. Kuh), Anzahl Föten (Einling vs. Zwilling), Geschlecht des Kalbes und Analysejahr) auf die PAG-Konzentration untersucht. Aufgrund der teils wiederholten Beobachtungen wurde das Tier als zufälliger Faktor berücksichtigt. Basierend auf den Varianzkomponenten dieses Modells wurden Wiederholbarkeiten für die PAG-Konzentration berechnet.

5.4 Ergebnisse und Diskussion

In Abbildung 1 sind die Häufigkeitsverteilungen der Trächtigkeitsstatuskategorien im Verlauf der PAG-Konzentrationsgruppen dargestellt. Es wird deutlich, dass der Anteil der tragenden Tiere bis zu einer PAG-Konzentration von 1,6 mg/ml Blut kontinuierlich auf 63 % ansteigt, während der Anteil der nicht tragenden Tiere bei dieser PAG-Konzentration auf 7 % sowie der Tiere mit Status unbekannt auf 26 % im Gegenzug kontinuierlich abnimmt. Ein scherenartiges Auseinanderdriften ist schon ab einem PAG-Wert von 1,3 ng/ml Blut zu erkennen. Die maximale Auslenkung der verschiedenen Kategorielinien ist jedoch erst ab einem Wert von 1,6 ng/ml Blut erreicht. Mit einer gewissen Schwankung innerhalb der Linien bleiben sie dann auf konstantem Niveau.

Für den Abgleich der Referenzbereiche sind die cut-off-points für die Kategorien „tragend“ und „nicht tragend“ besonders interessant. So lag zum Beispiel der zellenbasierte $\chi 2$-Wert für die Konzentrationsgruppe 1,6 (1,60-1,69 ng PAG/ml Blut) im Vergleich zur Konzentrationsgruppe 1,4 (1,40-1,49 ng PAG/ml Blut) in der Kategorie „nicht tragend “ mit 5,15 und 5,96 jeweils am höchsten, was auf besonders starke Abweichungen von der erwarteten Häufigkeit in dieser Kategorie schließen lässt.

Die Häufigkeitsverteilung analysiert mit Hilfe des $\chi 2$-Tests, reduziert auf die Kategorie „tragend“, ergab für die einige PAG-Konzentrationsgruppen teils signifikante Unterschiede ($P \leq 0{,}05$), teils nicht signifikante Unterschiede. Hier exemplarisch einige Beispiele für signifikant unterschiedliche Gruppen in ng PAG/ml Blut z.B.: 0,4 (0,40-0,49) vs. 0,9 (0,90-0,99); 1,1 (1,10-1,19) vs. 1,4 (1,40-1,49); 1,5 (1,50-1,59) vs. 2,0 (2,00-2,09). Zu den nicht signifikant unterschiedliche Gruppen zählen in ng PAG/ml Blut: 0,4 (0,40-0,49) vs. 0,7 (0,70-0,79), 1,4 (1,40-1,49) vs. 1,5 (1,50-1,59); 3,0 (3,00-3,09) vs. 4,0 (4,00-4,09).

Nach Abklärung aller einzelnen PAG-Konzentrationsgruppen gegeneinander wurden die Gruppen, die sich nicht signifikant voneinander unterschieden, z.B. 0,4 vs. 0,5 vs. 0,6 vs. 0,7 vs. 0,8 ng PAG/ml Blut, in Konzentrationskomplexe zusammengefasst. Dabei ergaben sich folgende, neue Konzentrationskomplexe: 0,4-0,89; 0,9-1,29; 1,3-1,59; 1,6-1,99; 2,0-4,99 nach ng PAG/ml Blut. Die neuen Konzentrationskomplexe nach ng PAG/ml Blut 0,4-0,89; 0,9-1,29; 1,3-1,59 unterscheiden sich jeweils voneinander ($P \leq 0{,}05$). Die Verteilung des PAG- Konzentrationskomplexes 1,6-1,9 ng/ml Blut unterscheidet sich jedoch nicht signifikant von dem PAG-Konzentrationskomplexes über 2,0 ng/ml Blut ($\chi 2$: 6,7, P=0,081). Fasst man diesen Konzentrationskomplex zu einem neuen PAG- Konzentrationskomplex 1,6-4,99 ng/ml Blut zusammen, so findet man signifikante Unterschiede im Vergleich zum Konzentrationskomplex 1,3-1,59 ng/ml Blut und zum Konzentrationskomplex 0,9-1,29 ng/ml Blut ($P \leq 0{,}05$).

Basierend auf diesen Analysen ergeben sich insgesamt folgende neue Referenzbereiche und damit verbundene Trächtigkeitsdiagnoseeinstufungen für den Routinebetrieb des PAG-ELISA-Tests nach dem 30. Tag nach KB: (Abbildung 1):

- ++ für PAG-Werte ≥ 1,60 ng/ml Blut für die Diagnose „tragend",
- + ? für PAG-Werte zwischen 1,30 und 1,59 ng/ml Blut für die Diagnose „eher tragend",
- - ? für PAG-Werte zwischen 0,9 und 1,29 ng/ml Blut für die Diagnose „eher nicht tragend" sowie
- -- für PAG-Werten < 0,9 ng/ml Blut für die Diagnose „nicht tragend".

In Abbildung 1 sind auch die neuen Referenzbereiche eingezeichnet. Die weichen von den bisherigen Referenzbereichen ab, wie Tabelle 2 zeigt. Die Ergebnisse der Varianzanalyse zeigten hochsignifikante Unterschiede für die Kategorien (Mittelwerte ± SE ng PAG/ml Blut: Kategorie „tragend" 1,94 ± SE 0,09, Kategorie „eher tragend" 1,77 ± SE 0,14, Kategorie „sicher nicht tragend" 1,05 ± SE 0,09, Kategorie „unbekannt" 1,44 ± SE 0,09, P≤ 0,0001. Keine Unterschiede waren zwischen der Kategorie „eher tragend" und „tragend" zu finden (P=0,49).

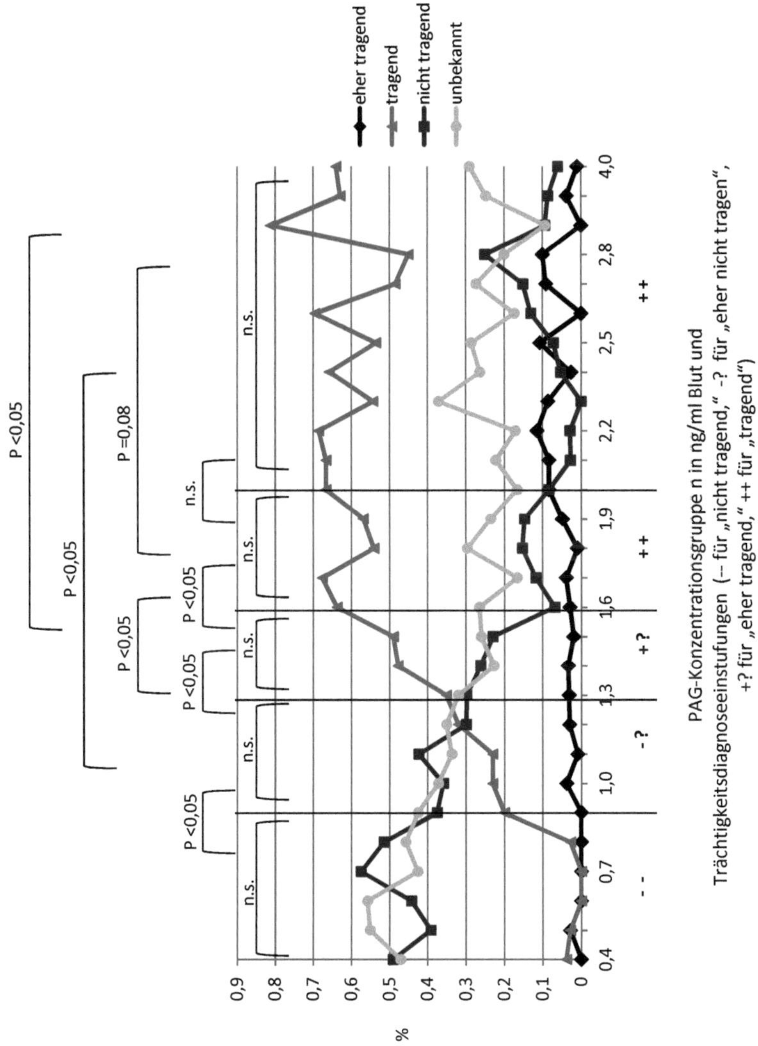

Abbildung 1: Verteilung der Trächtigkeitsstatusgruppen („eher tragend", „"tragend", „nicht tragend", „unbekannt") in Relation zu den PAG-Konzentrationsgruppen und Ableitung neuer Diagnosereferenzbereiche basierend auf signifikanten Unterschieden in den Anteilen der verschiedenen Trächtigkeitsstatusgruppen.

Bei der Literaturrecherche konnte nichts über eine Referenzbereichsanpassung für den PAG-ELISA-Test gefunden werden. Es lassen sich für einzelne Testverfahren lediglich Referenzbereichsangaben finden. So halten Friedrich und Holtz (2010) für eine frühe Trächtigkeitsdiagnose zwischen dem 26. und 30. Tag p.c. einen cut-off-point von 2,0 ng PAG/ml Blut beim PAG-ELISA-Test für entscheidend, um mit einer Wahrscheinlichkeit von 94 % die Aussage „tragend“ treffen zu können. Schon ab einem Wert von ≥ 1,5 ng PAG/ml Blut stufen Piechotta et al. (2011) Kühe als tragend ein. Nach Green et al. (2005), die mit einem monogonalen ELISA-Test arbeiten, ist ab einer PAG-Konzentration von ≥ 1,0 ng/ml Blut ab dem 28. Tag p.c. von einer Trächtigkeit auszugehen. Die Sicherheit liegt bei 87 %. Als positiven cut-off-point für eine Trächtigkeit mit einem RIA-Test wird einen Wert von 0,8 ng PAG/ml Blut genannt (Skinner et al., 1996; Szenci et al., 1998; Lopez-Gatius, 2007). Szenci et al. (1998) geben als Sicherheit der Trächtigkeitsbestimmung ab dem 30. Tag p.c. einen Wert von 95 % an. Diese Literaturangaben machen deutlich, dass je nach Testmethode RIA oder ELISA sowie der Verwendung eines oder mehrerer Antikörper und jedes einzelnen Labors unterschiedliche cut-off-points angelegt werden. Cut-off-points gelten nur für eine genau beschriebene Methode und haben keine Allgemeingültigkeit (Halwachs-Baumann, 2011; Dörner, 2013).

In eine sogenannte Wiederholungskategorie, die Kategorie, die eine erneute Beprobung nach einer weiteren Woche vorsieht, werden Kühe bei Piechotta et al. (2011) mit einem PAG-Werte zwischen 1,0 und 1,5 ng/ml Blut eingestuft. Bei fraglichen Diagnoseergebnissen (+? für PAG-Werte zwischen 1,50 und 1,99 ng/ml Blut und -? für PAG-Werte zwischen 1,0 und 1,49 ng/ml Blut) wird am Hormonlabor mit PAG-ELISA in Göttingen eine Wiederholungsmessung mit Proben, die eine Woche danach gezogen werden, angeraten. Aufgrund der eigenen Ergebnisse lassen die sich für den PAG-ELISA bei den fraglichen Diagnosegruppen „-?“ und +?“ nach unten hin korrigieren und auch für den absoluten Wertebereich stark eingrenzen (Tabelle 2).

Die Diagnose „nicht tragend“ bei einem Referenzbereich < 0,9 ng PAG/ml Blut im eigenen Versuch zu erteilen, beruht auf der Analyse von Routineproben von Färsen und Kühen mit Besamungsdatum. Es ist demnach davon auszugehen, dass die Tiere besamt wurden. Als Ursachen für eine Nichtträchtigkeit kommen daher zwei

Tatsachen in Frage: Das Tier hat nicht aufgenommen oder es kam bis zum Beprobungsdatum zu einem embryonalen Tod oder einem Abort.

Tabelle 2: Vergleich der Referenzbereiche und Trächtigkeitsdiagnoseeinstufungen der derzeitig gültigen Werte mit den im Versuch errechneten PAG-Werten.

Referenzbereich	aktuelle Laborgrenzen	neue Versuchsgrenzen
nicht tragend (--)	≤ 1,0 ng/ml Blut	≤ 0,89 ng/ml Blut
eher nicht tragend (-?)	1,0 - 1,49 ng/ml Blut	0,9-1,29 ng/ml Blut
eher tragend (+?)	1,50 und 1,99 ng/ml Blut	1,3-1,59 ng/ml Blut
tragend (++)	≥ 2,0 ng/ml Blut	≥ 1,6 ng/ml Blut

Die Angaben aus der Literatur für die Diagnose „nicht trächtig" beruhen dagegen auf unbesamten Tieren. So weisen die Autoren Friedrich und Holtz (2010) einen Wert von 1,1 ± SE 0,5 ng PAG /ml Blut für nicht besamte Kühe aus, gemessen mit einem polygonalen PAG-ELISA. Zoli et al. (1992) analysierten einen PAG-Wert bei unbesamten Färsen von 0,3 ± SD 0,17 ng PAG/ml Blut auf, wie eine Studie mit 430 Holstein Friesian Färsen ergab und ist auf extraplazentalen Ursprungs der PAGs zurückzuführen (Zoli et al., 1992). Sie lagen damit niedriger als die von nicht besamten Kühen (0,5 ± SD 0,17 ng PAG/ml Blut). Die von Green et al. (2005) gemessenen PAG-Werte für nichtträchtige Tiere bewegten sich bei 0,1 ± SD 0,4 ng/ml Blut. In allen Studien dienten Ultraschalluntersuchungen oder rektale Palpationen zur Trächtigkeitsüberprüfung als Kontrolle für die Genauigkeit der PAG-Diagnose. Über Referenzbereiche für den PAG-ELISA-Trächtigkeitstest, die auf Abkalbedaten basieren, gibt es in der Literatur keine Angaben.

Tabelle 3 zeigt die prozentuale Verteilung der neuen PAG- Konzentrationskomplexe nach den vier definierten Kategorien. Aufgrund des nicht vorhandenen signifikanten Unterschiedes zwischen den Kategorien „eher tragend" und „tragend" wurden diese beiden Kategorien als Kategorie „trächtig" zusammengefasst. In dieser Kategorie steigt der prozentuale Anteil von der Referenzgruppe ≤ 0,9 ng PAG/ml Blut bis hin zur Gruppe ≥ 1,60 ng PAG/ml Blut von 2,76 auf 67,94. In der Kategorie „nicht tragend" sinkt der Wert von 47,24 % auf 7,81 %. In der Kategorie „unbekannt" fällt der Wert ebenfalls und zwar von 50 % auf 24,25 %.

Tabelle 3: PAG-Konzentrationskomplexe nach Kategorien in %.

Komplex/Kategorie	trächtig (eher tragend+tragend)	nicht tragend	unbekannt
0,4-0,8	2,76	47,24	50,00
0,9-1,2	30,02	34,87	35,11
1,3-1,5	46,81	26,24	26,95
1,6-1,9	63,86	12,13	24,01
2,0-4,0	67,94	7,81	24,25

Die sonst in der Labortechnik üblichen Güteparameter Spezifität und Sensitivität (Greiner, 2003; Hallwachs-Baumann, 2011; Dörner, 2013) können in diesem Fall nicht angewendet werden, weil die Überprüfung der Richtigkeit der Aussagen „trächtig" und „nicht tragend" nicht zum selben Zeitpunkt wie die PAG-Analyse und die damit verbundene Diagnosevergabe geschah. Hinzu kommt, dass es aufgrund dieser Art der historischen Rückbetrachtung auch Fälle gab, die aufgrund der lückenhaften Datensätze als „unbekannt" einzustufen waren. Alle drei Kategorien „trächtig", „nicht trächtig" und „unbekannt" ergeben daher in jeder PAG-Referenzwertgruppe eine Summe von 100 %. Dieser dritte Parameter „unbekannt" verhindert bei einem gegebenen Messwert eine Überprüfung, z.B. durch eine andere Trächtigkeitsuntersuchungsart wie die Rektalkontrolle, einen Wert für die Richtigkeit auszugeben.

Die prozentuale Angabe für die Kategorie „trächtig" lässt sich jedoch mit Abkalberaten aus der Literatur vergleichen. Mit über 60 % liegen als die trächtig eingestuften Tiere damit in einem Bereich, der nach wissenschaftlichen Erkenntnissen normal ist. Es ist bekannt, dass Befruchtungsraten bei Milchkühen an die 100 % liegen können (Diskin und Morris, 2008). In Hochleistungsherden kann die tatsächliche Kalberate aufgrund früher und später embryonaler Mortalität auf nur 40 % sinken (Diskin et al, 2006; Diskin und Morris, 2008). Ein embryonaler Frühtod zwischen dem 24. und 50. Tag tritt nach Humbolt (2001) bei 17 % der besamten Tiere auf. Bei der Auswertung mehrerer Studien zum späten Embryonalverlust kam Santos et al. (2004) auf eine Rate von 3,2 bis 42,7 %. Lamming und Royal (2001) berichten von einer frühen embryonalen Mortalität von 24 bis 40 %. Über den Vergleich mehrere Studien zu diesem Thema kamen Santos et al. (2004) zum

Schluss, dass zwischen dem 30. und 45. Tag der Trächtigkeit bei Milchkühen mit einem Trächtigkeitsverlust von 0,85 % pro Tag ausgegangen werden kann. Als Ursache werden Hitzestress (Sartori et al., 2002), vor allem bei Hochleistungsherden (Hansen, 2002), genannt.

In der Kategorie „nicht tragend“ sinkt der prozentuale Anteil im eigenen Versuch bei gleichzeitiger Zunahme der PAG-Konzentrationskomplexe. So sind in der Gruppe 0,4-0,8 ng PAG/ml Blut rund 50 % der Tiere nicht tragend. In der PAG-Referenzwertgruppe 2,0-4,0 sind es nur noch 8 %, was in der umgekehrten Betrachtungsweise bedeutet, dass 68 % der beprobten Tiere in dieser Referenzgruppe tragend und 24 % aufgrund fehlender Daten nicht verifizierbar waren.

Die Kategorie „unbekannt“ halbiert sich von der niedrigste zum höchsten PAG-Konzentrationskomplex. Bei Betrachtung dieses Komplexes mit einer Gesamtzahl von 562 Tieren fallen 222 Tiere mit der Notiz „Abgang“ ins Auge. Zwischen den einzelnen PAG- Konzentrationskomplexen zeigte sich eine gleichmäßige Verteilung der Abgänge, was darauf zurückgeführt werden kann, dass Tiere in allen Phasen einer Trächtigkeit verenden oder geschlachtet werden. Ob das Tier trächtig ist oder nicht scheint dabei nicht die entscheidende Rolle zu spielen. In mehreren Studien werden Durchschnittswerte für die Schlachtung gravider Tiere in Deutschland von 4,3-4,9 % angegeben (Di Nicolo, 2006; Lücker et al., 2004). Bis zum 100. Tag nach der Kalbung wird mit 21 % als häufigster Merzungsgrund laut HLV-Jahresbericht (2008) die Melkbarkeit angegeben. Danach folgend die Ursachen Eutererkrankungen und sonstige Erkrankungen. Unfruchtbarkeit steigt als Merzungsgrund von 1,7 % bis zum 35. Tag nach Kalbung auf 65,3 % bei ≥ 300 Tagen nach Kalbung an.

In die Kategorie „unbekannt“ fallen auch 75 Tiere mit dem Vermerk „verkauft zur Zucht“. Einen deutlichen Anstieg (50 %) kann man in dem PAG-Konzentrationskomplex ≥ 1,6 ng/ml Blut finden. Das könnte darauf zurückzuführen sein, dass ein positives PAG-Diagnoseergebnis als Verkaufsförderungsinstrument bei den Verkäufern und Käufern gesehen wird.

Zudem stand die Frage im Raum, ob es von Bedeutung ist, ob es sich um ein primi- oder multipares Tier handelt. Es zeigte sich, dass dies nicht der Fall ist (P =0,35). So wiesen in der eigenen Studie die trächtigen Färsen einen PAG-Wert von mindestens

0,92 ng/ml Blut auf. Tragende Kühe kamen minimal auf einen Wert von 1,02 ng PAG/ml Blut. Diese geringe Differenz verdeutlicht das Ergebnis der Varianzanalyse für diesen Effekt.

Die Anzahl der Kälber im Mutterleib scheint tendenziell einen Einfluss auf den gemessenen PAG-Wert zu haben. Bei Einlingsträchtigkeiten liegt der Mittelwert bei den Analysetieren bei 1,59 ng ± SE 0,09 PAG/ml Blut, bei Zwillingsträchtigkeiten liegt er bei 1,96 ± SE 0,23 PAG/ml Blut am durchschnittlich 56. Trächtigkeitstag. Aufgrund eines errechneten P-Wertes von 0,0857 kann jedoch nur von einer Tendenz, wenn auch von einer starken, gesprochen werden. Dieses Ergebnis wird so in der Literatur bestätigt. Echterknamp et al. (2006) maßen eine mittlere PAG-Konzentration am 192. Trächtigkeitstag bei Einlingsträchtigkeiten von 52,9 ng/ml. Zum selben Zeitpunkt waren es bei Zwillingsträchtigkeiten 116,4 ng/ml. Der P-Wert lag bei < 0,01. In frühen Trächtigkeitsstadien, zwischen dem 57 und 121 Trächtigkeitstag, gab es zwar auch schon augenscheinliche Unterschiede in den PAG-Mittelwerten, jedoch waren die zu diesen Zeitpunkten noch nicht signifikant, was so auch Dobson et al. (1993) beschreiben. Bei Patel et al. (1997) unterschieden sich die PAG-Werte von Einlings- und Zwillingsträchtigkeiten mit einem P-Wert von < 0,01 ebenfalls signifikant. Auch Lopez-Gatius et al. (2007) fanden signifikante Unterschiede bei Zwillingsträchtigkeiten. Der Grund für die erhöhten Werte, so Patel et al. (1997), liege in den beiden Schnittstellen zwischen maternalem und fetalem Stoffwechsel sowie der verbesserten Syntheseleistung.

Dagegen hatte das Kälbergeschlecht keinen Einfluss (P≥ 0,146). Der Mittelwert für Bullenkälber lag bei 1,56 ± SE 0,09 ng PAG/ml Blut, für Kuhkälber bei 1,63 ± SE 0,09 ng PAG/ml Blut. Auch hier bestätigen sich Angaben aus der Literatur. Die Arbeitsgruppen von Zoli et al. (1992) maßen die PAG-Konzentration mittels RIA-Test im Blut fötaler Seren geschlachteter Kühe und veröffentlichten für Bullenkälber einen PAG-Mittelwert von 3,44 ± SD 0,48 ng/ml Blut und für Kuhkälber 2,6 ± 0,66 ng/ml bei einem P-Wert von > 0,1. Die ermittelten Werte stammen nicht wie im eigenen Versuch aus maternalem, sondern direkt aus fetalem Blut, das bei frühen Trächtigkeiten aus der Nabelschnur, in späteren Trächtigkeitsstadien aus dem fötalen Herzen entnommen wurde. Die teilweise fast um die Hälfte höheren Werte der Arbeitsgruppe um Zoli können sowohl mit der Methode fetales Blut vs. maternales Blut, mit der Testmethode RIA vs. ELISA als auch mit dem Zeitpunkt gesamte Trächtigkeit vs. Trächtigkeit im Mittel 56 d zusammenhängen. Die Aussage, dass das Geschlecht des Kalbes keinen Einfluss auf die Höhe des PAG-Wertes hat stimmt jedoch in hohem Maß mit der eigenen Untersuchung überein. Mehrere Arbeitsgruppen (Zoli et al., 1992, del Vecchio et al., 1995a, 1995b, 1996, Austin et al., 1999, Dosogne et al., 2000, Wooding et al., 2005, Sousa et al., 2006, Haugejorden et al., 2006, Jeanrond, 2007) forschten in den vergangenen Jahren an unterschiedlichen Hypothesen zur biologischen Funktion von PAG. PAGs scheinen danach sowohl eine hormonelle als auch eine immunmodularische Funktion zu besitzen. Wenn dem so sein sollte, wäre es verständlich, dass das Geschlecht des Kalbes keinen Einfluss auf Höhe des PAG-Wertes hat.

Einen hoch signifikanten Einfluss auf den PAG-Wert hatte auch der Effekt Analysejahr ($P \leq 0,001$). So lag der Mittelwert 2009 bei 1,82 ± SE 0,08 vs. 2011 1,38 ± SE 0,07 ng PAG/ml Blut. Alle Analysejahre unterscheiden sich signifikant vom Jahr 2011. Das gilt auch für das Jahr 2012 mit Ausnahme 2007 vs. 2012 (Tabelle 4).

Tabelle 4: PAG-Proben der Analysejahre 2007-2012 nach Anzahl an Tieren, PAG-Jahresmittelwerte ± SE (ng PAG/ml Blut) sowie mittlerer Zeitraum zwischen KB und Beprobung (d).

Jahr	n	x	SE	KB-Probe
2007	102	1,67	0,11	56,09
2008	210	1,68	0,09	58,53
2009	326	1,81	0,08	55,03
2010	546	1,74	0,07	51,70
2011	494	1,38	0,07	56,20
2012	192	1,39	0,09	52,39

Bei der Überprüfung der Jahresdurchschnittstemperaturen konnten keine Gründe dafür gefunden werden (Spanne 2007-2012: 7,84-9,85 °C). In diesem Zeitraum fallen auch keine Wetter-Extremwerte (Deutscher Wetterdienst, 2014). Nichtdestotrotz könnten präanalytische Einflüsse wie Temperaturen unter dem Gefrierpunkt bei Transport und Lagerung Einfluss auf die gemessenen PAG-Werte gehabt haben. Dies konnte in einer Studie von Stahmann et al. (2014) nachgewiesen werden.

Lopez-Gatius et al. (2007) stellten eine negative Korrelation zwischen hohen Milchleistungen und PAG-Konzentrationen während der Frühträchtigkeit fest. Die Milchleistung der hessischen Kühe stieg vom Jahr 2006 von 7.666 kg Milch kontinuierlich auf 8.117 kg Milch im Jahr 2012. Lopez-Gatius et al. (2007) kamen in ihrer Studie zum Schluss, dass bei der Zunahme der Milchleistung eines Einzeltieres pro Tag um 1 kg mit einer Abnahme der PAG-Konzentration um 0,1 ng/ml Blut bei einer Basiskonzentration für eine positive Trächtigkeit ab 0,8 ng PAG/ml sinkt. Grundlage der Studie war ein RIA-Test. Der Mittelwert der Milchleistung am Tag 63 nach der Kalbung lag bei 39,3 ± SE 1,03 kg. Der PAG-Wert der trächtigen Tiere (Ultraschallkontrolle) bewegte sich im Mittel bei 2,72 ± 0,13 ng/PAG Blut.

Große tierindividuelle Schwankungen konnte Friedrich (2006) bei der Analyse von PAG-Verlaufsprofilen während der Trächtigkeit feststellen, wie andere Studien bestätigen (Mialon et al., 1994, Perenyi, 2002). In der vorliegenden Studie lag die tierindividuelle Wiederholbarkeit nach Korrektur externer Einflussfaktoren allerdings nur bei einem niedrigen Niveau von 0,12 ± SE 0,04. Es scheint, dass weitere nicht erfasste und gemessene Faktoren, wie Fütterung, Genetik, Milchleistung, Haltung, Betriebseffekte, Zwischenkalbezeiten, Erkrankungen, Fitness etc., einen großen, noch wissenschaftlich zu bearbeitenden Einfluss auf die PAG-Konzentration des Einzeltieres haben.

5.5 Zusammenfassung

Die vorliegende Studie hat gezeigt, dass die Anpassung der Referenzbereiche und damit verbundenen vier möglichen Trächtigkeitsdiagnoseeinstufungen im laborgestützten Trächtigkeitsdiagnoseverfahren PAG-ELISA aufgrund tatsächlicher Abkalbungen als finaler Trächtigkeitsbeweis möglich und sinnvoll ist. Basierend auf den Ergebnissen ergaben sich für die Diagnose ++ „tragend" einer neuer Referenzbereich von ≥ 1,6 ng PAG/ml Blut. Die Anpassung und Verschiebung der derzeitig angewendeten Referenzbereiche beim PAG-ELISA aufgrund der Analyse von Abkalbedaten ist damit angezeigt. Zudem hat sich gezeigt, dass es signifikante Einflüsse der Fötenanzahl und des Analysejahr auf den gemessenen PAG-Wert gibt.

5.6 Literaturverzeichnis

Ahlers, D., W. Heuwieser, 2000. Tierärztliche Sorgfaltspflicht bei Trächtigkeitsuntersuchungen der Rinder, Teil 1: Trächtigkeitsuntersuchungen am Einzeltier. Prakt. Tierarzt 81: 580-584.

Di Nicolo, K. 2006. Studie zum zusätzlichen Eintrag von Hormonen in die menschliche Nahrungskette durch das Schlachten von trächtigen Rindern in der Europäischen Union am Beispiel von Luxemburg und Italien. Dissertation an der Universität Leipzig, Germany.

Diskin, M. G., D.G. Morris. 2008. Embryonic and Early Foetal Losses in Cattle and Other Ruminants. Reproduction in Domestic Animals 43: 260-267.

Diskin, M.G., J.J. Murphy, J.M. Sreenan. 2006. Embryo survival in dairy cows managed under pastoral conditions. Animal Reproduction Science 96: 297-311.

Dobson, H., T.G. Rowan, I.S. Kippax, P. Humblot. 1993. Assessment of Fetal Number, and Fetal and Placental Viability Throughout Pregnancy in Cattle. Theriogenology 40: 411-425.

Dörner, K. 2013. Der klinische Befund. Pages 61-75. In Klinische Chemie und Hämatolgie. 2rd ed. Georg Thieme Verlag Stuttgart New York, Germany.

Echternkamp, S.E., K.A. Vonnahme, J.A. Green, S.P. Ford. 2006. Increased vascular endothelial growth factor and pregnancy-associated glycoproteins, but not insulin-like growth factor-I, in maternal blood of cows gestating twin fetuses. Journal of Animal Science, 84: 2057-2064.

Friedrich, M., W. Holtz. 2004. Establishment of an ELISA to assess PAG-concentrations in blood and milk of dairy cows. Reprod. Abstract Ser., 31: 21.

Friedrich, M. 2006. Enzymimmunologischer Nachweis von "pregnancy-associated glycoprotein" (PAG) als Hilfsmittel zur Trächtigkeitsdiagnose beim Rind. Dissertation an der Georg-August-Universität Göttingen, Deutschland.

Friedrich, M., W. Holtz. 2010. Establishment of an ELISA for Measuring Bovine Pregnancy-Associated Glycoprotein in Serum or Milk and Its Application for Early Pregnancy Detection. Reprod. Dom. Anim., 45: 142-146.

Green, J.A., T.E. Parks, M.P. Avalle, B.P. Telugu, A.L. McLain, A.J. Peterson, W. McMillan, N. Mathialagan, R.R. Hook, S. Xie, R.M. Roberts. 2005. The establishment of an ELISA for the detection of pregnancy-associated glycoproteins (PAGs) in serum of pregnant cows and heifers. Theriogenology, 63: 1481-1503.

Greiner, M. 2003. Qualitätseigenschaften von Diagnosetests. Page 35. In Serodiagnostic Tests: Evaluation and Interpretation in Veterinary Medicine and Other Specific Fields, Springer Verlag Berlin Heidelberg, Germany.

Hansen, P.J. 2002. Embryonic mortality in cattle from embryo´s perspecitive. J. Anim. Sci.(E. Suppl. 2): E33-E44.

Hallbach, J. 2006. Qualitätskontrolle im Überblick. Pages 18-19. In Klinische Chemie und Hämatologie. 2rd ed. Georg Thieme Verlag Stuttgart New York, Germany.

Halwachs-Baumann, G. 2011. Störfaktoren. Page 19. In Labormedizin – Klinik – Praxis – Fallbeispiele. 2rd ed., Springer Verlag, Wien, New York.

Hessischer Verband für Leistungs- und Qualitätsprüfung in der Tierzucht e.V (HVL). 2007, 2008, 2009, 2010, 2011 und 2012. Jahresbericht. Alsfeld. Deutschland.

Hughes, A.L., J.A. Green, Juana M. Garbayo, R.M. Roberts. 2000. Adaptive diversification within a large family of recently duplicated, placentally expressed genes. National Acad. Sciences, 49: 3319-3323.

Lamming G.E., M.D. Royal. 2001. Ovarian hormone patterns and subfertility in dairy cows. Pages 105-118. In Fertility in the High-producing Dairy Cow, ed. M.G. Diskin, Occasional Publication 26. British Society of Animal Science, Edinburgh, UK.

Lopez-Gatius, F., J.M. Garbayo, P. Santolaria, J. Yaniz, A. Ayad, N.M. de Sousa, J.F. Beckers. 2007. Milk production correlates negatively with plasma levels of pregnancy-associated glycoprotein (PAG) during the early fetal period in high producing dairy cows with live fetuses. Domestic Animal Endocrinology 32: 29-42.

Lücker, E.A., A. Bittner, A. Einspanier. 2004. Zur toxikologisch-hygienischen Bewertung der Exposition mit hormonell wirksamen Stoffen bei Schlachtungen trächtiger Rinder unter verschiedenen Produktionsbedingungen. Proceedings 44. Arbeitstagung DVG „Lebensmittelhygiene" 2003, Garmisch-Partenkirchen. DVG-Service GmbH, Gießen: 628-633.

Mialon, M.M., S. Camous, G. Ranard, J. Martal, F. Ménissier. 1993. Peripheral concentrations of a 60-kDA pregnancy serum protein during gestation and after calving and in realtionship to embryonic mortality in cattle. Reprod. Nutr. Dev. 33: 269-282

Nogalski Z., D. Piwczński. 2012. Association of length of pregnancy with other reproductive traits in dairy cattle. Asian-Aust. J. Anim. Sci., 1: 22-27.

Patel, O.V., Sulon, J.F. Beckers, T. Takahashi, M, Hirako, N. Sasaki, I. Domeki. 1997. Plasma bovine pregnancy-associated glycoprotein concentrations throughout gestation in relationship to fetal number in the cow. European Journal of Endocrinology 137: 423-428.

Piechotta, M.,, J. Bollwein, M. Friedrich, T. Heilkenbrinker, C. Passavant, J. Branen, G. Sasser, M. Hoedenmaker, H. Bollwein. 2011. Comparison of commercial ELISA blood tests for early pregnancy detection in dairy cows. Journal of Reproduction and Development, 57: 72-75.

Perenyi, Z.S., O. Szenci, J. Sulon, P.V. Drion, J.F. Beckers. 2002. Comparison of the ability of three radioimmunoassay to detect pregnancy-associated glycoproteins in bovine plasma. Domestic Anim. 37: 100-104.

Santos, J.E.P., W.W. Thatcher, R.C. Chebel, R.L.A. Cerri, K.N. Galvão. 2004. The effect of embryonic death rates in cattle on the efficacy of estrus synchronization programs. Animal Reproduction Science 82-83: 513-535.

Sartori, R., R. Sartor-Bergfelt, S.A. Mertens, J.N. Guenther, J.J. Parrish, M.C. Wiltbank. 2002. Fertilization and Early Embryonic Development in Heifers and Lactating Cows in Summer and Lactating and Dry Cows in Winter. Journal of Dairy Science 85: 2803-2812.

Sasser, R.G., C.A. Ruder, K.A. Ivani, J.E. Butler, W.C. Hamilton. 1986. Detection of pregnancy by radioimmunoassay of a novel pregnancy-specific protein in serum of cows and a profile of serum concentrations during gestation. Biol. Reprod., 35: 936-942.

Schlebusch, H., 2008. Postanalytik. Page 52. In POCT-Patientennahe Labordiagnostik, P. Luppa , H. Schlebusch eds., Springer Medizin Verlag Heidelberg, Germany.

Skinner, J., D. Gray, F. Gebbie, J.F. Beckers, J. Sulon. 1996. Field evaluation of pregnancy diagnosis using bovine pregnancy-associated glycoprotein (bPAG). Cattle Pract, 4: 281-284.

Stahmann, F., M. Gauly, U. König von Borstel, W. Holtz. 2014. Unveröffentlicht: Potential pre-analytic sources of errors of PAG-pregnancy test.

Szenci, O., J.F. Beckers, P. Humblot, J. Sulon, G. Sasser, M.A.M. Taverne, J. Varga, R. Baltusen, G. Schekk 1998. Comparison of ultrasonography, bovine pregnancy-specific protein B, and bovine pregnancy-associated glycoprotein 1 tests for pregnancy detection in dairy cows. Theriogenology 50: 77-88.

van der Weijden, Taverne, M. 1999. Trächtigkeitsuntersuchung. Pages 78-92 in Fruchtbarkeitsstörungen beim weiblichen Rind 3rd ed., Parey Bucherverlag, Berlin, Germany.

Zoli, A.P., J.F. Beckers, P. Wouters-Ballman, J. Closset, P. Falmagne, F. Ectors. 1991. Purification and characterization of bovine pregnancy-associated glycoprotein. Biol. Reprod., 45: 1-10.

Zoli, A.P., L.A. Guilbault, P. Delhaupt, W. Benitez Ortiz, J.F. Beckers. 1992. Radioimmunoassay of a bovine pregnancy-associated glycoprotein in serum. Its application for pregnancy diagnosis. Biol. Reprod., 46: 83-92.

KAPITEL 6

Allgemeine Diskussion

6.1 Einleitung

In der vorliegenden Arbeit wurde überprüft, inwiefern verschiedene prä- und postanalytische Fehlerquellen den PAG-ELISA-Test beeinflussen können. Dazu wurden unterschiedliche prä- und postanalytischen Variablen untersucht. Die Arbeit gliedert sich in drei Teilbereiche.

Im präanalytischen Bereich wurden getestet, wie sich definierte Fehlerquellen auf die Messung des PAG-Wertes von Vollblutproben und Serum auswirken könnten. Dabei wurden Fehlerquellen simuliert, wie sie in der Praxis beim Probeziehen und beim Transport ins Labor auftreten können.

Im zweiten Versuchsteil wurde aufgrund der Resultate aus dem ersten Versuch ein Korrekturwert entwickelt, um die definierte Fehlerquelle „Tiefgefrierung“ im postanalytischen Bereich zu egalisieren.

Im letzten Versuchsteil stand die Frage im Vordergrund, ob und wie Referenzbereiche und damit einhergehende Aussagen zur Trächtigkeit beim PAG-ELISA-Test in der postanalytischen Phase der Labordiagnostik angepasst werden können.

6.2 Präanalytischer Bereich

Um den präanalytischen Einwirkungsfaktor „Transport ins Labor“ besser einschätzen zu können, wurde im Sommer 2011 und Winter 2011/12 ein Vorversuch mit einem Temperaturlogger unternommen. Dieser bestätigte, dass man davon ausgehen kann, dass Blutproben bei der routinemäßigen Versendung auf dem Postweg sehr extremen und unregelmäßigen Temperaturschwankungen ausgesetzt werden (Kapitel 3). Auf dem gesamten Postweg, angefangen von der Lagerung der Proben im Briefkasten, über den Transport im Postauto bis hin zu Sortierung in Poststationen kam es zu enormer Hitzentwicklung im Sommer ebenso wie zu Minustemperaturen im Winter.

Darauf aufbauend wurden für den ersten Versuch Blutproben von Milchkühen eines Praxisbetriebes gezogen und unter Laborbedingungen sechs definierten Temperaturbereichen (- 20 °C, - 10 °C, 0 °C, + 10 °C, + 20 °C, + 40 °C) ausgesetzt.

Es zeigte sich, dass sowohl bei hochtragenden als auch bei niedertragenden Kühen die Einwirkung unterschiedlicher Temperaturen einen Einfluss auf die gemessenen PAG-Werte hatte. Hochsignifikant Unterschiede fanden sich in der Gruppe der hochtragenden Kühe bei der Messung in den Temperaturbereichen -10 °C und -20 °C von der Kontrolle, die jeweils bei Raumtemperatur aufbewahrt worden war. Auch auf das Blut von niedertragenden Kühen bestätigte sich die signifikante Veränderung der gemessenen PAG-Werte nach Tiefgefrierung (-20 °C).

Die gemessenen Werte verringerten sich bei den hochtragenden Kühen bei -10 °C um 22% und bei – 20 °C um 25 % gegenüber den Kontrollwerten. Bei den niedertragenden Kühen lag der PAG-Wert der frisch analysierten Proben im Mittel bei 3,7 ng PAG/ml und bei den tiefgefrorenen Proben bei 2,4 ng PAG/ml. Das bedeutet in dieser Gruppe einen Rückgang von 35 %.

Dass sich Proteine im bovinem Vollblut bei Lagerung unter Raum- oder Kühlschranktemperatur, wie im Versuch, als stabil erweisen, wird so auch in der Literatur beschrieben (Tasker, 1978; Wittwer et al., 1986; Fontaine et al., 1987). Als höchstzulässige Untersuchungszeit für Gesamteiweiß im bovinen Vollblut werden bis zu sechs Tagen angeben (Fontaine, 1987; Guder et al., 2002).

Bei Tiefgefrierung gemessene PAG-Werte liegen niedriger als die Kontrollproben. Dies könnte auf eine kalte Denaturierung zurückzuführen sein (Privalov, 1990), bei der die native Struktur der Proteine teilweise irreversibel zerstört wird. Die wiederum ist jedoch bei der Durchführung des PAG-ELISA-Test von entscheidender Bedeutung, da denaturierte Proteine nicht mehr komplett in der Lage sind, an die freien Bindungsplätze des spezifischen Antikörpers anzudocken (Gault und Mc Clenaghan, 2009). In der Folge wird bei der Analyse vermeidlich weniger PAG gemessen.

Auch hämolytische Vollblutproben könnten eine mögliche Fehlerquelle beim PAG-Test sein, denn bei diesem Analyseverfahren wird die optische Dichte der Färbung des Emzymsubstrates gemessen (Guder et al., 2002; Kraft, 2005; Seelig et al., 2008, Dörner, 2009). Um diese Aussagen aus der Literatur für den PAG-Test zu überprüfen, wurden Vollblutproben unter Laborbedingungen hämolytisch gemacht und ihre PAG-Werte gemessen. Dazu wurden wiederum an der Praxis orientiert, je eine Vollblutprobe pro Kuh geschüttelt (Vortex), mit Wasser versetzt (mit destilliertem Wasser im Verhältnis 1:1) sowie die Probe tiefgefroren. Eine vierte Probe diente als Kontrolle.

Die Betrachtung der Ergebnisse zeigte signifikant veränderte Werte bei den Proben mit Tiefgefrierung sowie bei der Versetzung des Probematerials mit destilliertem Wasser. Wobei die Werte der verdünnten Proben weniger als die Hälfte der PAG-Konzentration der Kontrollproben betrugen. Der ELISA-Test nach Friedrich und Holtz (2004) scheint auf hämolytische Material nicht anfällig zu reagieren.

Antikoagulanzien stellen Zusätze dar, die das Ziel haben, die zu messende Größe durch Hemmung der Gerinnung des Blutes möglichst unverändert bis zum analytischen Prozess zu erhalten (Guder et al., 2002). Nicht selten werden daher auch in der Praxis von der Industrie mit Antikoagulanzien versetzte Proberöhrchen für den Bluttransport ins Labor genutzt. Gerinnungshemmer in diesem Proberöhrchen könnten ebenfalls Auswirkung auf die gemessenen PAG-Werte haben und wurden deshalb als potentielle Fehlerquelle untersucht. Neben einer Kontrolle wurden Blutproben in folgende, praxisübliche Proberöhrchen mit Antikoagulanzien gefüllt und analysiert:

- mit Citrat versetzte Röhrchen (Greiner bio-one, Vacuette, 3,5 ml 9NC Coagulation sodium citrate 3,2%),
- mit Heparin versetzte Röhrchen (Sarstedt, 4 ml, 16 I.E. Heparin/ml Blut),
- in mit EDTA versetzte Röhrchen (Sarstedt, 5 ml).

Im diesem Versuchsteil zeigten sich signifikant abweichende Werte bei den Proben mit Citrat ($P \leq 0.001$). Die Werte lagen niedriger als in den Kontrollproben. Alle anderen mit Konservierungsstoffen versetzten Proberöhrchen hatten keinen Einfluss auf die gemessenen PAG-Werte.

Ein falsches Mischungsverhältnis von Citrat und Blut führt zu einem Störfaktor in der Laboranalytik (Seelig et al., 2008; Lippi et al., 2013). So bewirkt ein zu geringer Zusatz an Citrat eine insuffiziente Gerinnungshemmung, ein Zuviel kann Membranschäden der Zellen hervorrufen. Beide chemischen Reaktionen könnten sich auf den PAG-ELISA-Test auswirken.

In vorliegenden Fall geschah die Blutprobenentnahme wie in der Praxis üblich direkt aus der Vene über die Kanüle in das Proberöhrchen. Eine exakte Befüllung der Proberöhrchen war daher nicht möglich. Die wäre nur möglich, wenn die Blutprobenentnahme unter Vakuum bis zu einer definierten Markierung stattfinden würde. Die signifikant veränderten PAG-Werte im Versuch lassen daher auf eine Unter- bzw. Überfüllung der Citrat-Proben schließen.

Neben Vollblutproben erhält das Hormonlabor auch immer wieder Serumproben als Untersuchungsmaterial für den PAG-Test. Zudem werden Serumproben aus wissenschaftlichen Gründen für unbestimmte Zeit mittels Tiefgefrierung gelagert. Daher wurden auch Serumproben einer Tiefgefrierung unterzogen, um diesen Temperaturbereich als mögliche Fehlerquelle zu spezifizieren. Die Proben hierfür stammten aus dem Routinebetrieb des Labors. Für den Versuch wurden Serumproben in fünf unterschiedliche PAG-Konzentrationsgruppen (Gruppen 1-5; PAG-Konzentrationen von 0,39-7,7 ng/ml Blut) unterteilt. Basis bei Gruppierung waren die Frischwertanalysen. Jede Gruppe bestand aus sechs Proben. Die Proben wurden sowohl frisch als auch nach dem Auftauen dem routinemäßigen PAG-Test unterzogen.

Bei der Betrachtung einzelner Gruppen fällt auf, dass sich in Gruppe 1 (x=0,45 ng PAG/ml Blut), 3 (x=1,69 ng PAG/ml Blut) und 4 (3,99 ng PAG/ml Blut) statistisch nachgewiesene Unterschiede zu der Behandlung vor und nach der Tiefgefrierung mit einer Wahrscheinlichkeit von minimal 95 Prozent finden lassen. Bei den Gruppen 2 (0,87 ng PAG/ml Blut) und 5 (6,78 ng PAG/ml Blut) lassen sich keine signifikanten Unterschiede nachweisen. Die Interaktion von Behandlung und Gruppe unterscheidet sich jedoch nicht signifikant (Wert liegt bei 0,2475). Betrachtet man jedoch die Werte aller Gruppen vor und nach der Tiefgefrierung fällt auf, dass die gemessenen PAG-Werte nach der Tiefgefrierung gestiegen sind.

Die Einordnung dieser Ergebnisse ist schwierig, denn in anderen wissenschaftlichen Studien zu diesem Thema findet sich Widersprüchliches. So empfiehlt Kraft (2005), Serum bei -20°C bis -70 °C einzufrieren und das Serum nach dem Auftauen durch mehrmaliges Schwenken zu mischen mit der Begründung, dass sich beim Gefriervorgang Serumwasser von den übrigen Bestandteilen abgesetzt haben könnte. Vom Schütteln der Probe rät dagegen Minuth (2012) ab, um Proteindenaturierungen zu vermeiden. Wird die Probe aber gar nicht gemischt, kommt es örtlich zu unterschiedlichen Konzentrationen von Salzen und Proteinen, meint Bruhn (2007). Denn, würde für die Analyse genau dort abpipettiert, könne es zu erhöhten Protein-Werten kommen. Letztere Beobachtung könnte auch die Ursache für die erhöhten Werte der tiefgefrorenen Serumproben im Versuch sein.

Wie schon der Vorversuch mit dem Temperaturlogger zeigte, kann sich der Transport der Blutproben über den Postweg ins Labor über einige Tage hinziehen. Teilweise müssen die Proben aufgrund von technischen Problemen oder Urlaubszeiten im Labor auch einmal über mehrere Wochen im Kühlschrank gelagert werden. Dies könnte ebenfalls eine Fehlerquelle im präanalytischen Bereich sein. Daher wurden Blutproben in Standardröhrchen, in EDTA-Röhrchen, Citrat-Röhrchen und Heparinröhrchen über ein halbes Jahr im Kühlschrank gelagert und danach analysiert.

Es zeigte sich, dass Probegefäße mit Konservierungsmittel dazu geeignet sind, die gemessenen PAG-Werte auf dem Niveau der Frischanalyse zu halten. Und dies auch noch nach einem halben Jahr. Dagegen veränderten sich die gemessenen PAG-Werte in den Standardröhrchen nach einem halben Jahr Lagerung signifikant. Sie reduzierten sich in diesem Zeitraum im Durchschnitt um 30 Prozent.

Durch die Kühlung werden metabolische Prozesse in der Blutprobe zwar verlangsamt. Gestoppt werden sie aber nicht. Dies führt zu einer Konzentrationsveränderung einiger Parameter im Serum. Zu diesem Ergebnis kommt Dörner (2009) bei länger gekühlten Blutproben. Zurückzuführen ist dies auf den Glukoseverbrauch, die Fehlfunktion der Na/K-Pumpe, die Wasserverschiebung in Richtung Zellen und eine damit einhergehende Hämokonzentration und das Ausströmen von intrazellulären Inhaltsstoffen (Dörner, 2009; Burnett, 1995; Zippelius, 2002; Boyanton und Blick, 2002). All diese in-vivo-Veränderungen könnten der Grund für die Abnahme der gemessenen PAG-Werte in den langzeitgelagerten Proben ohne Antikoagluanzien sein.

6.3 Postanalytischer Bereich

Die Postanalytik als letzte Phase des klinisch-chemischen Analyseprozesses hat die Aufgabe, den Messwert auf technischer und biologischer Ebene zu bewerten.

Bewertungen auf technischer Ebene betreffen unter anderem Informationen über Störgrößen sowie auf biologischer die Beurteilung des Analyseergebnisses in Bezug auf den entsprechenden Referenzbereich (Sprenger und Arndt, 2009). Da in dieser Phase neben anderen Fehlern sowohl Beurteilungsfehler als auch Zuordnungsfehler auftreten können, ist eine ständige Kontrolle und Selbstkontrolle erforderlich (Kraft, 2005).

6.3.1 Entwicklung eines Korrekturfaktors für die Tiefgefrierung von Blut und Serum auf den gemessenen PAG-Wert

Auch in diesem Teil der Arbeit hat sich gezeigt, dass der präanalytische Effekt der Tiefgefrierung von Blut und Serum einen erheblichen Einfluss auf die gemessenen PAG-Werte in Rinderblutproben ausüben können (Kapitel 4). Die Messungen nach Lagerung bei -20 °C unterscheiden sich hoch signifikant ($P \leq 0{,}001$) von der Kontrolle. Und zwar sowohl bei der Tiefgefrierung von Blut als auch von Serum. Die Werte sinken nach der Tiefgefrierung.

Trotz dieser eindeutigen Tendenz zeigt sich, dass die Höhe bzw. der Abfall des gemessenen PAG-Wertes nach Tiefgefrierung PAG-dosisabhängig ist. Bei niedrigen PAG-Werten in der Frischanalyse des Serums erhöht sich der gemessene PAG-Wert nach Tiefgefrierung. Bei allen höheren Werten verringert sich der Wert.

Ursache für die Veränderung der gemessenen PAG-Werte in den tiefgefrorenen Proben könnten Fehler bei der Aufbewahrung wie Kälteeinwirkung und Verdunstung sein (Kraft, 2005; Kroll und Elin, 1994; Lippi et al., 2006).

Daher erscheint die Anwendung eines Korrekturfaktors sinnvoll, um die Wahrscheinlichkeit einer falsch positiven Trächtigkeitsdiagnose bei einer Gefrierung der Proben zu verringern. Allerdings sollte dieser Korrekturfaktor konzentrationsabhängig gestaffelt sein, um die Wahrscheinlichkeit von falsch negativen Trächtigkeitsdiagnosen nach Anwendung des Korrekturfaktors gering zu halten.

Bei der Tiefgefrierung von Serum kann erst ab einem Frischwert von 8,0 PAG ng/ml Blut mit dem Korrekturfaktor gearbeitet werden. In den unteren PAG-Gruppen sollte in Fällen, in denen unter Umständen eine Gefrierung vorliegt, keine endgültige

Diagnose gestellt werden. Falls es aus wissenschaftlichen Gründen um die Erzeugung eines quantitativen Wertes geht, kann der Korrekturfaktor angewandt werden. In Sinne des Tierschutzes und der Wirtschaftlichkeit des Betriebes sollte im Zweifelsfall eine Nachprobe gezogen werden oder ein frostfreier Transport ins Labor, zum Beispiel mit speziellem Verpackungsmaterial, erfolgen.

6.3.2 Mögliche Anpassung der Referenzbereiche der Trächtigkeitsdiagnose mit Hilfe des PAG-ELISA-Tests

Die korrekte Beurteilung eines Laborwertes setzt laut Schlüter und Junker (2005) immer die Bezugnahme auf einen entsprechenden Referenzbereich voraus. In der Regel handelt es sich dabei um eine Messwerteverteilung innerhalb eines definierten Referenzkollektivs. Referenzbereiche sind eine statistische Größe und stellen eine Orientierungshilfe dar. Wichtig ist es, die Methodenabhängigkeit vieler Referenzbereiche zu beachten und bekannte Einflussfaktoren wie Alter und Geschlecht, bei der Befundinterpretation zu berücksichtigen (Seelig et al., 2008). Der zu jedem klinisch-chemischen Analyten gehörende Referenzbereich nimmt eine zentrale Stellung bei der „Umwandlung" eines analytischen Befundes ein (Sprenger und Arndt, 2009).

Im postanalytischen Bereich stand daher die Frage an, ob und wie die im Göttinger Hormonlabor derzeit verwendeten Referenzbereiche und damit verbundenen „cut-off-points" verschoben werden können und müssten.

Für letzten Versuchsteil dieser Arbeit wurden Abkalbedaten von Färsen und Kühen, deren Proben zwischen 2006 und 2012 im Hormonlabor in Göttingen mittels PAG-ELISA-Tests analysiert worden waren, herangezogen. Anhand dieser Daten wurde auf das Vorliegen einer Trächtigkeit zum Zeitpunkt der PAG-Probennahme geschlossen. Das bedeutet, dass die Referenzbereiche im Versuch nicht wie sonst in der Labordiagnostik üblich, mit Hilfe einer zeitgleich zur PAG-Beprobung durchgeführten Standardmethode zur Trächtigkeitsdiagnose, wie z.B. mittels Rektalkontrolle oder Ultraschalluntersuchung verifiziert wurden. Herkömmlicherweise lässt sich so die Güte eines Referenzbereiches anhand von Spezifität und Sensitivität quantifizieren. In vorliegenden Fall war dies so nicht möglich.

Kalbedaten, die Anzahl der Kalbungen und das Geschlecht der Kälber dieser Tiere wurden erhoben und ausgewertet. Basierend auf der nach Kälbergeschlecht getrennt errechneten Tragedauer erfolgte eine Überprüfung der Verteilung der verschiedenen Trächtigkeitskategorien („eher tragend“, „tragend“, „nicht tragend“ und „unbekannt“). Basierend auf diesen Analysen ergaben sich folgende neue Referenzbereiche und damit verbundenen Trächtigkeitsdiagnoseeinstufungen:

- ++ für PAG-Werte ≥ 1,60 ng/ml Blut für die Diagnose „sicher tragend“,
- +? für PAG-Werte zwischen 1,30-1,59 ng/ml Blut für die Diagnose „eher tragend“,
- -? für PAG-Werte zwischen 0,9-1,29 ng/ml Blut für die Diagnose „eher nicht tragend“ sowie
- -- für PAG-Werten ≤ 0,9 ng/ml Blut für die Diagnose „nicht tragend“.

Diese ermittelten Referenzbereiche gelten ausschließlich für die PAG-ELISA-Methode nach Friedrich und Holtz (2010). Denn Cut-off-points gelten nur für eine genau beschriebene Methode und haben keine Allgemeingültigkeit (Halwachs-Baumann, 2011; Dörner, 2013).

Darüber hinaus müssen die vielfältigen Einflussgrößen und Störfaktoren beachtet werden, die zu verfälschten Ergebnissen führen können. Hierzu zählen z.B. Alter und Geschlecht (Fiedler und Thiery, 2004). Im der eigenen Untersuchung scheint so die Anzahl der Kälber im Mutterleib einen Einfluss auf den gemessenen PAG-Wert zu haben. Bei Einlingsträchtigkeiten lag der Mittelwert bei den Analysetieren bei 1,59 ng ± SE 0,09 PAG/ml Blut, bei Zwillingsträchtigkeiten lag er bei 1,96 ± SE 0,23 PAG/ml Blut P=0,0857). Echterkamp et al. (2006) ermittelten am 192. Trächtigkeitstag signifikante Unterschiede zwischen Einlings- und Zwillingsträchtigkeiten. In frühen Trächtigkeitsstadien, zwischen dem 57 und 121 Trächtigkeitstag, gab es zwar auch schon augenscheinliche Unterschiede in den PAG-Mittelwerten, jedoch waren die zu diesen Zeitpunkten noch nicht signifikant, was so auch Dobson et al. (1993) beschreiben. Bei Patel et al. (1997) unterschieden sich die PAG-Werte von Einlings- und Zwillingsträchtigkeiten mit einem P-Wert von < 0,01 ebenfalls signifikant. Auch Lopez-Gatius et al. (2007) fanden signifikante Unterschiede bei Zwillingsträchtigkeiten.

Das Kälbergeschlecht hatte dagegen im eigenen Versuch keinen Einfluss auf die Höhe des gemessenen PAG-Wertes (P≥ 0,146). Es spielt ebenfalls keine Rolle, ob es sich um ein primi- oder mulitpares Tier handelte (P=0,35). Einen hoch signifikanten Einfluss hatte dagegen der Effekt Probejahr (P ≤ 0,0001).

Die Anpassung der Referenzbereiche und die damit verbundenen Trächtigkeitsdiagnoseeinstufungen im laborgebundenen Trächtigkeitsdiagnoseverfahren PAG-ELISA-Test aufgrund tatsächlicher Abkalbungen als finaler Trächtigkeitsbeweis scheint aufgrund der vorliegenden Studie möglich und sinnvoll.

6.4. Schlussfolgerung

Im Rahmen der laborgebundenen Trächtigkeitsdiagnostik werden routinemäßig regelmäßig Rinder-Blutproben an Laboratorien versandt. Daher wurden in dieser Arbeit Effekte von nicht-standardisiertem Vorgehen innerhalb der Präanalytik auf den gemessenen PAG-Wert im Vollblut und im Serum von Rindern untersucht. Die vorliegende Arbeit hat gezeigt, dass häufig in der Praxis auftretende präanalytische Fehlerquellen, wie:

- Transport der Blutprobe (Temperaturen, Dauer),
- Blutzusätze (Antikoagulanzien) und
- Vorgang der Blutentnahme (Zugabe von Wasser, Schütteln)

einen Einfluss auf die gemessenen PAG-Werte haben. Mit Hilfe eines Korrekturfaktors ist es möglich, tiefgefrorene Vollblutproben und Serum dosenabhängig an die Frischwerte anzugleichen. Daneben ist es von Bedeutung, in der Postanalytik in regelmäßigen Abständen den Referenzbereich anzugleichen.

Aus diesen Ergebnissen wurden folgende Rahmenbedingungen für den Umgang mit Blutproben für die Trächtigkeitsdiagnose mit dem PAG-ELISA-Test abgeleitet:

- Vor der Blutentnahme sollte mit dem Labor, das die Analyse durchführen soll, abgeklärt werden, welches Blutentnahmesystem für die Festlegung der Referenzwerte verwendet wurde, damit dieses System auch für die

Blutentnahme genutzt werden kann. Alternativ kann auch das Labor die von ihnen gewünschten Proberöhrchen zur Verfügung stellen (Kapitel 3, Abbildung 5).

- Um Kontaminationen bei der Blutentnahme wie z.B. Fremdwasser zu vermeiden, ist ein Hinweisblatt des Labors für die Probenehmer von Vorteil (Kapitel 3, Abb. 3).
- De Blutproben sollten so schnell wie möglich zur Analyse gelangen (Kapitel 3 Abbildung Tabelle 3). Demnach sollten Probenentnahmen vor dem Wochenenden oder Feiertagen unterlassen werden.
- Da PAG frostempfindlich ist, sollten PAG-Blutproben keinen Minustemperaturen auf dem Postweg ausgesetzt werden (Kapitel 3, Abbildung 2). Wenn Proben dennoch im Winter versandt werden:
    - Dies ist im Vorfeld mit dem Labor abzuklären, das dann gegeben falls darauf mit einem Korrekturfaktor auf Frischwerte korrigieren kann (Kapitel 4, Tabelle 1).
    - Falls nicht bekannt ist, ob die Proben einer Tiefgefrierung ausgesetzt waren, sollte eine Nachprobe bei frostfreien Temperaturen vom Praxisbetrieb angefordert werden.
    - Kann auf Spezialverpackungen zurückgegriffen werden, die einen frostfreien Transport ermöglichen.
- Die Überprüfung und gegebenenfalls Anpassung der Referenzbereichen sollte regelmäßig erfolgen (Kapitel 5). Dabei sind Einflussgrößen auszumachen und soweit möglich zu eliminieren oder im umgekehrten Fall sich für die Anpassung von cut-off-points zu nutze zu machen (Mehrlingsträchtigkeiten).

All diese Maßnahmen sind von Nöten, um Schaden vom Labor, vom Tier und dem Auftraggeber abzuwenden.

6.5 Literaturverzeichnis

Boyanton, B.L., Blick, K.E. 2002. Stability Studies of Twenty-Four Analytes in Human Plasma and Serum. Clinical Chemistry, 12: 2242–2247.

Bruhn, H. D. 2011. Häufige Fehlerursachen. Seite 33 in Hämostaseologie für die Praxis: Sicher durch den klinischen Alltag. H. D. Bruhn, V. Hach-Wunderle, C. M. Schambeck, R. E. Scharf, 2. Auflage, Verlag Schattauer, Stuttgart, Deutschland.

Burnett, R.W., A.K. Covington, N. Fogh-Andersen, W.R. Külpmann, A.H.J. Maas, O.Müller-Plathe, O. Siggaard-Andersen, A.L. Van Kessel, P.D. Wimberly und W.G. Zijlstra. 1995. International Federation of Clinical Chemistry (IFCC). Scientific Division. Committeeon pH, Blood Gases and Electrolytes. Approved IFCC recommendations on whole bloodsampling, transport and storage for simultaneous determination of pH, blood gases and electrolytes. European Journal of Clinical Chemistry and Clinical Biochemistry, 33: 247-253.

Dobson, H., T.G. Rowan, I.S. Kippax, P. Humblot, P. 1993. Assessment of Fetal Number, and Fetal and Placental Viability Throughout Pregnancy in Cattle. Theriogenology, 40: 411-425.

Dörner, K. 2009. Der klinisch-chemische Befund. Page 17 in Klinische Chemie und Hämatologie. 7. Auflage, Herausgeber K. Dörner, Georg Thieme Verlag, Stuttgart, Deutschland.

Echternkamp, S.E., K.A. Vonnahme, J.A. Green, S.P. Ford. 2006. Increased vascular endothelial growth factor and pregnancy-associated glycoproteins, but not insulin-like growth factor-I, in maternal blood of cows gestating twin fetuses. Journal of Animal Science, 84: 2057-2064.

Fiedler, G.M., Thiery, J. 2004. Der „fehlerhafte“ Laborbefund“ - Teil 1: Fehlerquellen der prä- und postanalytischen Phase. Internist 45: 315-29.

Fontaine, M., N. Hamelin und Y. Couture. 1987. Stabilité des paramétres sanguins en fonction du temps, des conditions d'entreposage et de transport chez la vache. Le Médecin vétérinaire du Québec, 17: 71-77.

Friedrich, M., W. Holtz. 2004. Establishment of an ELISA to assess PAG concentrations in blood and milk of dairy cows. Reproduction Abstract. Ser., 31: 21.

Friedrich, M., W. Holtz. 2010. Establishment of an ELISA for Measuring Bovine Pregnancy-Associated Glycoprotein in Serum or Milk and Its Application for Early Pregnancy Detection. Reprod. Dom. Anim., 45: 142-146.

Gault, V.A., N.H. McClenaghan. 2009. Antibodies: the keys to immunochemical measurements. Page 200 in Understanding Bioanalytical Chemistry: Principles and Applications. 1st ed. Wiley-Blackwell publisher's, Chichester, UK.

Guder, W.G., W. Ehret, F. da Fonseca-Wollheim, W. Heil, O. Müller-Plathe, Y. Schmitt, G. Töpfer, H. Wisser, B. Zawta. 2002. Die Qualität diagnostischer Proben. J. Lab. Clin. Med., 26: 267-283.

Halwachs-Baumann, G. 2011. Störfaktoren. Seite 19 in Labormedizin – Klinik – Praxis – Fallbeispiele. 2. Auflage, Springer Verlag, Wien, New York.

Kraft, W. 2005. Fehlermöglichkeiten. Seiten 18-34 in Klinische Labordiagnostik in der Tiermedizin. 6. Auflage, Herausgeber W. Kraft, M. Dürr, Verlag Schattauer, Stuttgart, Deutschland.

Kroll, M. H., R.J. Ellin. 1994. Interference with clinical laboratory analyses. Clin. Chem, 40: 1996-2005.

Lippi, G. G.C. Guidi, C. Mattiuzzi, M. Plebani, M. 2006: Preanalytical Variability: The dark side of the moon in laboratory testing. Clinical Chemistry and Laboratory Medicine, 44: 358-365.

Lippi, G., K. Becan-McBride, D. Behúlová, R.A. Bowen, S. Church, J. Delanghe, K. Grankvist, S. Kitchen, M. Nybo, M. Nauck, N. Nikolac, V. Palicka, M. Plebani, S. Sandberg, A.-M. Simundic. 2013. Preanalytical quality improvement: in quality we trust. Clinical Chemistry and Laboratory Medicine. 51: 229–241.

Lopez-Gatius, F., J.M. Garbayo, P. Santolaria, J. Yaniz, A. Ayad, N.M. de Sousa, J.F. Beckers. 2007. Milk production correlates negatively with plasma levels of pregnancy-associated glycoprotein (PAG) during the early fetal period in high producing dairy cows with live fetuses. Domestic Animal Endocrinology 32: 29-42.

Minuth, W.W., 2003. Serumgewinnung. Seite 95 in Zukunftstechnologie Tissue Engineering. W. Minuth, R. Strehl, K. Schumacher, eds., Wiley-VCH Verlag, Weinheim, Deutschland.

Patel, O.V., Sulon, J.F. Beckers, T. Takahashi, M, Hirako, N. Sasaki, I. Domeki. 1997. Plasma bovine pregnancy-associated glycoprotein concentrations throughout gestation in relationship to fetal number in the cow. European Journal of Endocrinology 137: 423-428.

Privalov, P. L. 1990. Cold denaturation of proteins. Biochemistry and Molecular Biology, 25: 281-306.

Seelig, H.-P., A. Koch, E. Muller, J. O. Schurek, C. A. Seelig, T. Stauch. 2008. Verarbeitung und Lagerung von Blutproben. Seite 103-109 in Präanalytik. 3. Auflage, Alexander Thielbeer Druckerei & Verlag GmbH, Ettlingen, Deutschland.

Schlüter, B. , R. Junker.. 2005. Labormedizin. Seite 96 in Neurochirurgie: Handbuch für die Weiterbildung und interdisziplinäres Nachschlagewerk. 1. Auflage, Schattauer Verlag, Stuttgart, Deutschland.

Sprenger, H., Arndt, T. 2009. Allgemeine klinisch-chemische Analytik. Seiten 510-512 in Praktische Labordiagnostik, Herausgeber H. Renz, 1. Auflage, Walter de Gruyter Verlag, Berlin. Deutschland.

Tasker, J.B. 1978. Studies on the use of coulter chemistry in the veterinary laboratory. Cornell Vet., 68: 480-505.

Wittwer, F., H. Böhmwald und R. Klaasen. 1986. Efecto del tiempo, temperatura de conservacion y del anticoagulante (EDTA/NaF) en muestras para perfiles metabolicos. Archivos de Medicina Veterinaria, 18: 43-51.

Zippelius, R. 2002. Untersuchungen zum Einfrier – und Auftauverhalten pharmazeutischer Humanproteinlösungen im Großmaßstab. http://edoc.ub.uni-muenchen.de/687/1/Zippelius_Ralf.pd.

Zusammenfassung

Die Reproduktionsleistung eines Milchviehbestandes hat erhebliche Auswirkungen auf die Rentabilität des Betriebes. Eine frühzeitige Trächtigkeitsdiagnose, vor allem die sichere Erkennung nicht tragender Tiere, gehört zu den wichtigen Faktoren des effizienten Fruchtbarkeitsmanagements. Eine Methode zur frühzeitigen Trächtigkeitsdiagnose ist der Nachweis der trächtigkeitsassoziierten- und spezifischen Proteine „pregnancy-associated glycoproteins“ (PAGs) im Blut der Milchkuh, ein seit einigen Jahren am Hormonlabor des Departments für Nutztierwissenschaften in Göttingen routinemäßiges Angebot für Tierärzte und Praktiker.

Über prä- und postanalytische Fehlerquellen beim PAG-Trächtigkeitstest wurde bisher noch nicht geforscht. Daher beschäftigt sich die vorliegende Arbeit mit den folgenden drei Fragestellungen:

- welche potentiellen präanalytischen Fehlerquellen beim PAG-Trächtigkeitstest könnten auf die gemessenen Werte wirken,
- ist es möglich, einen Korrekturfaktor für den Einfluss des Tiefgefrierens von Blutproben auf den PAG-Wert tragender Rinder zu erarbeiten sowie
- ist eine Anpassung der cut-off-points beim PAG-ELISA-Test angezeigt?

Die entnommenen Blutproben zur Aufdeckung möglicher Fehlerquellen stammten aus einem Praxisbetrieb (Versuch 1). Bei der Analyse der Proben zeigte sich, dass sich die gemessenen PAG-Werte bei Temperaturen unter dem Gefrierpunkt, wie sie bei Transport oder der Lagerung auftreten können, deutlich reduzieren. Die gemessenen Werte in den Blutproben mindestens 100 Tage tragender Kühe nach der Lagerung bei – 10 °C verringerten sich um 22 %; bei – 20 °C um 25 %. Gar um 35 % sanken die gemessenen Werte bei Tiefgefrierproben von niedertragenden Kühen.

Bei der Langzeitlagerung über ein halbes Jahr im Kühlschrank zeigte sich, dass sich die PAG-Werte in Proberöhrchen ohne Antikoagulanzien signifikant verringerten (P< 0,0009).

Serum wurden in unterschiedlichen PAG-Konzentrationsgruppen auf – 20 °C tiefgefroren. In allen Fällen führte diese Behandlung zu signifikant erhöhten PAG-Konzentrationen.

Bei den Hämolyse-induzierenden Verfahren führte die Zugabe von destilliertem Wasser im Verhältnis 1: 1 zu signifikant veränderten PAG-Werten (P< 0,0001). Bei der Tiefgefrierung ergab sich ein ähnliches Bild wie schon im Teilversuch „Lagerung bei unterschiedlichen Temperaturen“. Die gemessenen Werte sanken signifikant (P< 0,0001).

Bei den mit unterschiedlichen Antikoagulantien versetzten Blutproben (Heparin, EDTA und Citrat) zeigten sich nur bei den mit Citrat versetzten Proben Abweichungen in den gemessenen PAG-Werten (P< 0,0001).

Ausgehend von der laborspezifischen Definition, dass Kühe, die mindestens 30 Tage nach KB einen PAG-Wert von 2,0 PAG ng/ml Blut oder mehr beim PAG-Trächtigkeitstest aufweisen als sicher tragend gelten, wurde ein Korrekturfaktor für den Einfluss des Tiefgefrierens von Blutproben auf den PAG-Wert tragender Rinder erarbeitet (Versuch 2). Dazu wurden Blutproben von 65 Kühen gezogen, die unter Laborbedingungen einer Tiefgefrierung ausgesetzt wurden. Wie sich zeigte, sanken die gemessenen PAG-Werte im Vollblut wie auch im Serum nach Tiefgefrierung, wie es z.B. beim Transport der Proben im Winter der Fall sein kann, beträchtlich (P< 0,0001).

Mittels Bland-Altman-Analyse wurde daher ein Korrekturfaktor bestimmt, der bei Vollblut 5,52 ± 7,37 ng PAG/ml und bei Serum 0,93 ± 6,06 ng PAG/ml beträgt. Allerdings zeigte der Bland-Altman-Plot ebenfalls, dass die Auswirkungen der Tiefgefrierung PAG-dosisabhängig sind, so dass verschiedene Korrekturfaktoren in Abhängigkeit der PAG-Konzentration erforderlich erschienen, um zu vermeiden, dass falsch-negative Ergebnisse ausgeworfen werden. Basierend auf einem 95 %igem-Vertrauensintervall liegt der Korrekturwert bei 0,67 ng PAG/ml Blut bei einem PAG-Spiegel zwischen 2,0 und 3,9 ng PAG/ml und 0,25 ng PAG/ml für PAG-Spiegel zwischen 4,0 und 7,9 ng PAG/ml.

Bei Tiefgefrierung reagieren Serumproben bis zu einem PAG-Wert von 8,0 ng/ml Blut in der Frischsubstanz mit einer Erhöhung der ursprünglichen Werte. Im höheren Niveaubereich jedoch sinken sie. Eine Anwendung des Korrekturfaktors ist daher erst bei einem PAG-Serum-Spiegel zwischen 16,0 und 31,9 ng PAG/ml in der Frischsubtanz sinnvoll.

In Versuch 3 stand die Frage im Vordergrund, ob und wie Referenzbereiche und damit einhergehende Trächtigkeitsdiagnosen beim PAG-ELISA-Test in der postanalytischen Phase der Labordiagnostik angepasst werden können.

In die vorliegende Teilstudie gingen Daten von 1870 Milchkühen und -färsen ein. Blutproben dieser Tiere wurden zwischen 2006 und 2012 im Hormonlabor in Göttingen auf PAG mit dem PAG-ELISA-Test analysiert. Abkalbedaten, die Anzahl der Kalbungen und das Geschlecht der Kälber dieser Tiere wurden erhoben und analysiert. Mit einer Überprüfung der Verteilung der verschiedenen Trächtigkeitsstatuskategorien (eher tragend, tragend, nicht tragend, unbekannt) für verschiedene PAG-Konzentrationsgruppen konnte gezeigt werden, dass teils eine Verschiebung der Referenzbereiche für den Routinebetrieb des PAG-ELISA-Trächtigkeitstest angemessen wäre. So unterscheidet sich zum Beispiel die Verteilung der PAG-Konzentrationen 1,6 und 1,9 ng/ml Blut nicht signifikant von denen bei PAG-Konzentrationen über 2,0 ng/ml Blut ($\chi 2$: 6,7, P=0,081). Basierend auf diesen Analysen ergaben sich insgesamt folgende neuen Referenzbereiche und damit verbundenen Trächtigkeitsdiagnoseeinstufungen:

- ++ für PAG-Werte ≥ 1,60 ng/ml Blut für die Diagnose „tragend",
- +? für PAG-Werte zwischen 1,30-1,59 ng/ml Blut für die Diagnose „eher tragend",
- -? für PAG-Werte zwischen 0,9-1,29 ng/ml Blut für die Diagnose „eher nicht tragend" sowie
- -- für PAG-Werten < 0,9 ng/ml Blut für die Diagnose „nicht tragend".

Die Anzahl der Kälber im Mutterleib scheint tendenziell einen Einfluss auf den gemessenen PAG-Wert zu haben. Bei Einlingsträchtigkeiten lag der Mittelwert bei den Analysetieren bei 1,59 ng ± SE 0,09 PAG/ml Blut, bei Zwillingsträchtigkeiten lag er bei 1,96 ± SE 0,23 PAG/ml Blut). Dagegen hatte das Kälbergeschlecht keinen Einfluss auf die Höhe des gemessenen PAG-Wertes (P≥ 0,146). Es spielt ebenfalls keine Rolle, ob es sich um ein primi- oder multipares Tier handelte (P=0,35).

Einen hoch signifikanten Einfluss auf die Kategorie „tragend“ hatte dagegen der Effekt Probejahr ($P \leq 0{,}0001$).

Zusammenfassend ist festzustellen, dass sowohl die prä- wie auch die postanalytischen Fehlerquellen den PAG-ELISA-Trächtigkeitstest beeinflussen können. Die gilt es auszuschließen, um korrekte kurative oder prophylaktische Tätigkeiten wie z.B. Wiederbelegung, hormonelle Behandlung oder Abgang des Tieres, zu ermöglichen. Um zuverlässige Messergebnisse zu erhalten werden daher eine konsequente Standardisierung der Probenahme, des Versandes sowie die regelmäßige Anpassung der Referenzbereiche empfohlen.

Curriculum Vitae

Friederike Stahmann

geboren am 24. März 1966 in Mühlacker, deutsch, verheiratet, 2 Kinder

Hochschul- und Schulbildung

Seit 1/ 2011	Promotionsstudium als externe Doktorandin an der Georg-August-Universität, Göttingen, Department für Nutztierwissenschaften, Abteilung Produktionssysteme der Nutztiere Thema: „Potentielle prä- und postanalytische Fehlerquellen beim PAG-Trächtigkeitstest nach ELISA-Methode“
1985 bis 1991	Studium der Agrarwissenschaften an der Georg-August-Universität, Göttingen, Schwerpunkt: Tierproduktion Diplomarbeitstitel: „Weide- und Fressverhalten von Ziegen und Schafen auf Kalkmagerrasen im Göttinger Stadtgebiet“ Diplomprüfung mit Abschluss: Diplom-Agraringenieurin, Abschlussnote: gut
1983 bis 1985	Gymnasium Melanchthon, Nürnberg Abschluss: Abitur
1976 bis 1983	Gymnasium Hohenbaden, Baden-Baden

Berufspraxis

1/1994 bis heute	Freie Fach-Journalistin
1992 bis 1993	Chefredakteurin der Zeitschrift "Der Tierzüchter", DLG-Verlag, Frankfurt
1991 bis 1992	Volontariat bei der Zeitschrift "Der Tierzüchter" DLG-Verlag, Frankfurt